2021

全国林草生态旅游发展报告

国家林业和草原局

中国林業出版社
China Forestry Publishing House

图书在版编目（CIP）数据

2021 全国林草生态旅游发展报告 / 国家林业和草原局编 . — 北京 : 中国林业出版社 , 2022.11

ISBN 978-7-5219-1953-0

Ⅰ . ① 2… Ⅱ . ①国… Ⅲ . ①森林—生态旅游—旅游业发展—研究报告—中国— 2021 ②草原—生态旅游—旅游业发展—研究报告—中国— 2021 Ⅳ . ① F592.3

中国版本图书馆 CIP 数据核字 (2022) 第 207306 号

出版发行：中国林业出版社（100009　北京西城区刘海胡同 7 号）
电话：（010）83143543
印　　刷：三河市双升印务有限公司
版　　次：2022 年 11 月第 1 版
印　　次：2022 年 11 月第 1 次印刷
开　　本：889mm × 1194mm　1/16
印　　张：7
字　　数：122 千字
定　　价：75.00 元

《2021全国林草生态旅游发展报告》

编委会

主　任：刘东生

副主任：李　冰

委　员：李淑新　黄正秋　袁少青　刘加文　程　良
胡培兴　张志忠　周志华　王俊中　邹连顺
李冬生　孙嘉伟　厉建祝　孟宪林　王　振
张　瑞　陈圣林

编写组

主　编：陈鑫峰

副主编：韩文兵　黄智君

成　员：左　妮　张朝晖　胡长茹　韩丰泽　雷　雪
滕秀玲　李林海　罗　颖　李　斌　曹晏宁
郭　伟　吴红军　毛　锋　王晓圆　曹明蕊
邵　岚　李盼盼　张红梅　张　巍　戴　慧
彭嵋逸

前言

CONTENTS

发展林草生态旅游是林草资源利用的重要形式，是自然保护地体系“服务人民”的直接体现，是绿水青山转化为金山银山的重要途径。近年来，习近平总书记多次就统筹生态保护和生态旅游发展做出重要指示。2018 年，习近平总书记在考察吉林查干湖时指出：“绿水青山、冰天雪地都是金山银山。保护生态和发展生态旅游相得益彰，这条路要扎实走下去。”2021 年，习近平总书记在考察福建武夷山时指出：“要坚持生态保护第一，统筹保护和发展，有序推进生态移民，适度发展生态旅游，实现生态保护、绿色发展、民生改善相统一。”2019 年，中共中央办公厅、国务院办公厅印发的《关于建立以国家公园为主体的自然保护地体系的指导意见》把“服务人民”明确为建立自然保护地体系的重要目标之一，要求在保护的前提下，在自然保护地控制区内划定适当区域开展生态教育、自然体验、生态旅游等活动，构建高品质、多样化的生态产品体系。

生态旅游属于一种国际共识，按照 1993 年国际生态旅游协会给出的定义，生态旅游是在自然界中进行的有利于保护环境和维护当地人民利益的负责任的旅游活动。生态旅游应当具备四个基本条件：一是旅游对象是自然生态系统；二是旅游对象必须受到全面保护，以实现资源的可持续利用；三是强调发挥生态教育功能；四是强调有利于当地社区的长期发展。为了深入贯彻落实习近平生态文明思想，在严格保护林草资源的同时，积极利用林草资源发展旅游事业，2020 年，国家林业和草原局决定采用“生态旅游”提法统领依托森林、草原、湿地、荒漠及野生动植物资源开展的观光、游憩、度假、体验、健康、教育、运动、文化等相关活动。按照生态旅游国际共识和通用做法，同时结合我国林草资源管理实际，努力为公众提供高品质、多样化的户外游憩产品，是新时期林草生态旅游发展的重要任务。

以 1982 年我国建立第一个国家森林公园——湖南张家界国家森林公园为起点，我国的林草生态旅游已经走过了 40 年发展历程。40 年来，林草生态旅游的产业规模不断壮大，业态和产品不断丰富，综合带动能力不断增强，已经实现了从基本以观光旅游为主向多种业态并重发展的转变，实现了从一个国有林场的多种经营项目成长为林草业三大支柱产业之一的转变。40年来，发展林草生态旅游成为助力我国国有林场摆脱“资源危机、经济危困”困局的一剂良方，成为推动以湖南张家界为代表的一大批偏远山区发挥自然资源优势取得翻天覆地发展的一把“金钥匙”，同时，在满足广大群众户外游憩需求、促进林区百姓增收脱贫等方面发挥了重要且不可替代的作用。2019年，林草生态旅游游客量达到29.8亿人次，占国内旅游人数的49.6%，是名副其实的“半壁江山”。

2021年是“十四五”规划的开局之年。一年来，党中央、国务院出台了一系列与生态旅游密切相关的重要规划、文件，包括《“十四五”旅游业发展规划》《关于建立健全生态产品价值实现机制的意见》《关于科学绿化的指导意见》《关于鼓励和支持社会资本参与生态保护修复的意见》等等，都对生态旅游提出了新目标、新要求。同时，《林草产业发展规划（2021—2025年）》把林草生态旅游确定为“十四五”期间林草产业发展的12个重点领域之一，修订后的《国有林场管理办法》把发展林草生态旅游确定为科学利用森林资源的重要途径之一。一年来，国家林业和草原局继续大力引导自然教育、森林康养、国家森林步道等生态旅游新业态新产品发展，组织举办了一系列生态旅游相关重大活动，并进一步完善了生态旅游建设项目使用林地政策、进一步加强了生态旅游标准化工作。各省（自治区、直辖市）都把发展生态旅游作为贯彻新发展理念、实现林草高质量发展的重要抓手，在培育和壮大生态旅游中措施有力、亮点纷呈。虽然，新冠疫情对我国旅游业造成重大冲击，但2021年的林草生态旅游游客量依然保持在较高水平，达到20.93亿人次，是2019年游客量的70.2%，同比增长12%。

从2012年以来，国家林业和草原局逐年编制出版《全国林草生态旅游发展报告》（原名《中国森林等自然资源旅游发展报告》），旨在总结分析一年来全国林草生态旅游发展情况，为社会各界提供系统、权威的林草生态旅游发展资讯，同时为进一步推动我国林草生态旅游发展提供决策依据。希望能对林草和旅游行业、有关教育和科研人员及关心关心生态旅游的各界人士提供帮助。

编　者

目 录

CONTENTS

第一章 政策环境

第一节 生态旅游成为生态产品价值实现的重要路径

一、中共中央办公厅、国务院办公厅印发《关于建立健全生态产品价值实现机制的意见》

2021年4月，中共中央办公厅、国务院办公厅印发了《关于建立健全生态产品价值实现机制的意见》。

《意见》提出，要以体制机制改革创新为核心，推进生态产业化和产业生态化，加快完善政府主导、企业和社会各界参与、市场化运作、可持续的生态产品价值实现路径，着力构建绿水青山转化为金山银山的政策制度体系，推动形成具有中国特色的生态文明建设新模式。《意见》在建立生态产品调查监测机制、建立生态产品价值评价机制、健全生态产品经营开发机制、健全生态产品保护补偿机制、健全生态产品价值实现保障机制、建立生态产品价值实现推进机制等方面提出了具体要求。

《意见》在“拓展生态产品价值实现模式”一节中提出：“依托优美自然风光、历史文化遗存，引进专业设计、运营团队，在最大限度减少人为扰动前提下，打造旅游与康养休闲融合发展的生态旅游开发模式”。在“促进生态产品价值增值”一节中提出：“鼓励将生态环境保护修复与生态产品经营开发权益挂钩，对开展荒山荒地、黑臭水体、石漠化等综合整治的社会主体，在保障生态效益和依法依规前提下，允许利用一定比例的土地发展生态农业、生态旅游获取收益。”

二、国务院办公厅印发《关于科学绿化的指导意见》

2021 年 5 月 18 日，国务院办公厅印发《关于科学绿化的指导意见》。

《指导意见》指出，践行绿水青山就是金山银山的理念，尊重自然、顺应自然、保护自然，统筹山水林田湖草沙系统治理，走科学、生态、节俭的绿化发展之路，增强生态系统功能和生态产品供给能力，提升生态系统碳汇增量，推动生态环境根本好转，为建设美丽中国提供良好生态保障。

《指导意见》提出：“提升城乡绿地生态功能，有效发挥绿地服务居民休闲游憩、体育健身、防灾避险等综合功能。”“采取有偿方式合理利用国有森林、草原及景观资源开展生态旅游、森林康养等，提高林草资源综合效益。”

三、国务院印发《全民健身计划（2021—2025 年）》

2021 年 7 月 18 日，国务院印发《全民健身计划（2021—2025 年）》。《计划》在“广泛开展全民健身赛事活动”一节中提出：“巩固拓展‘三亿人参与冰雪运动’成果。”在“推进全民健身融合发展”一节中提出：“促进体旅融合。通过普及推广冰雪、山地户外、航空、水上、马拉松、自行车、汽车摩托车等户外运动项目，建设完善相关设施，拓展体育旅游产品和服务供给。打造一批有影响力的体育旅游精品线路、精品赛事和示范基地，引导国家体育旅游示范区建设，助力乡村振兴。”

四、国务院办公厅印发《关于鼓励和支持社会资本参与生态保护修复的意见》

2021 年 11 月 10 日，国务院办公厅印发《关于鼓励和支持社会资本参与生态保护修复的意见》。《意见》明确将发展生态旅游作为探索发展生态产业的重要内容，即“鼓励和支持投入循环农（林）业、生态旅游、休闲康养、自然教育、清洁能源及水资源利用、海洋生态牧场等；发展经济林产业和草、沙、竹、油茶、生物质能源等特色产业”。《意见》在“支持政策”一章中明确：“对集中连片开展生态修复达到一定规模和预期目标的生态保护修复主体，允许依法依规取得一定份额的自然资源资产使用权，从事旅游、康养、体育、设施农业等产业开发；其中以林草地修复为主的项目，可利用不超过 3% 的修复面积，从事生态产业开发。”

第二节　生态旅游纳入“十四五”旅游业和林草产业发展规划

一、国务院印发《“十四五”旅游业发展规划》

2021 年 12 月 22 日，国务院印发《“十四五”旅游业发展规划》。

《规划》要求，贯彻落实习近平生态文明思想，坚持生态保护第一，适度发展生态旅游，实现生态保护、绿色发展、民生改善相统一。充分考虑生态承载力、自然修复力，推进生态旅游可持续发展，推出一批生态旅游产品和线路，加强生态保护宣传教育，让游客在感悟大自然神奇魅力的同时，自觉增强生态保护意识，形成绿色消费和健康生活方式。积极运用技术手段做好预约调控、环境监测、流量疏导，将旅游活动对自然环境的影响降到最低。

《规划》提出，要依托森林等自然资源，引导发展森林旅游新业态新产品，加大品牌建设和标准化力度，有序推进国家森林步道建设。

二、国家林草局印发《林草产业发展规划（2021—2025 年）》

2022 年 2 月 25 日，国家林草局印发《林草产业发展规划（2021—2025 年）》。

《规划》明确了“十四五”期间林草产业发展的 12 个重点领域，分别是经济林、木材加工、生态旅游、国家储备林工程、种苗花卉、竹产业、林下经济、森林康养、林草中药材、林业生物质能源、草产业、沙产业等。《规划》提出了“十四五”时期林草产业发展主要指标，就林草生态旅游发展提出了明确要求，即“依托森林、草原、湿地、荒漠及野生动植物资源，推动生态旅游产业扩面提质。大力发展观光旅游、冰雪旅游、休闲度假、生态露营、山地运动、生态文化和自然教育等特色项目。加快建设国家森林步道，打造一批新兴生态旅游地品牌、特色生态旅游线路、高品质生态旅游产品，办好中国森林旅游节。加强生态旅游标准体系建设和从业人员培训。做好全国林草生态旅游游客量数据采集和信息发布。到 2025 年，生态旅游年接待游客量达 25 亿人次，国家森林步道总里程超过 3.5 万公里。”

《规划》强调，要构建内涵丰富、特色鲜明、布局合理的森林康养产业体

专栏1

林草产业发展规划（2021—2025年）

（节选）

发展林草产业，是贯彻落实习近平生态文明思想、践行绿水青山就是金山银山理念的重要举措，是全面推进乡村振兴、切实维护和巩固脱贫攻坚战伟大成就的必然要求，是建立健全生态产品价值实现机制、推动形成具有中国特色的生态文明建设新模式的关键路径。“十三五”时期，我国林草产业规模稳步增长，发展质量明显提高，市场主体持续壮大，富民成效日益显现，林产品国际贸易稳中有进，为全面建成小康社会、决战脱贫攻坚、建设美丽中国作出了重要贡献。同时，产业结构、产品供给、创新能力、政策保障等方面仍存在一些突出问题。“十四五”时期，为推动林草产业高质量发展，更好服务生态文明建设、乡村振兴、碳达峰碳中和等国家战略，制定本规划。

一、指导思想

以习近平新时代中国特色社会主义思想为指导，全面贯彻党的十九大和十九届历次全会精神，深入践行绿水青山就是金山银山理念，立足新发展阶段，完整准确全面贯彻新发展理念，构建新发展格局，以实现生态美、产业兴、百姓富为根本目标，坚持生态优先、绿色惠民、突出重点、优化布局、创新引领、示范带动，在严格保护耕地、严守永久基本农田控制线及生态保护红线、坚决维护生态安全的前提下，明确林草种植区域，确保不占用耕地及永久基本农田，大力培育、合理利用林草资源，做精一产、做强二产、做大三产，促进产业深度融合，扩大优质产品有效供给，加快推动林草产业高质量发展，更好满足人民日益增长的美好生活需要，为全面建设社会主义现代化国家作出新贡献。

二、主要目标

到2025年，全国林草产业总产值达9万亿元，比较完备的现代林草产业体系基本形成，产业结构更加优化，质量效益显著改善，吸纳就业能力保持稳定；产品有效供给能力持续增强，供给体系对国内需求的适配性明显提升，产品生产、流通、消费更多依托国内市场；林草产品国际贸易强国地位初步确立，年进出口贸易额达1950亿美元；林草资源基础更加巩固，资源利用效率不断提升；有效保障国家生态安全、木材安全、粮油安全和能源安全，服务国家战略能力进一步增强。

表1 “十四五”时期林草产业发展主要指标

序 号	名单	2020年	2025年
1	林草产业总产值（万亿元）	8.1	9
2	林草产品进出口贸易额（亿美元）	1528	1950
3	经济林种植面积（亿亩）	6.2	6.5
4	茶油年产量（万吨）	72	200
5	竹产业总产值（亿元）	3000	7000
6	国家林业重点龙头企业（个）	511	800
7	国家林下经济示范基地（个）	550	800
8	林特类中国特色农产品优势区（个）	27	40
9	生态旅游年接待游客人次（亿人次）	—	25
10	国家森林步道里程（公里）	25000	35000

注：以上指标均为预期性指标

三、重点领域

（三）生态旅游

依托森林、草原、湿地、荒漠及野生动植物资源，推动生态旅游产业扩面提质。大力发展观光旅游、冰雪旅游、休闲度假、生态露营、山地运动、生态文化和自然教育等特色项目。加快建设国家森林步道，打造一批新兴生态旅游地品牌、特色生态旅游线路、高品质生态旅游产品，办好中国森林旅游节。加强生态旅游标准体系建设和从业人员培训。做好全国林草生态旅游游客量数据采集和信息发布。到2025年，生态旅游年接待游客量达25亿人次，国家森林步道总里程超过3.5万公里。

（八）森林康养

构建内涵丰富、特色鲜明、布局合理的森林康养产业体系，重点发展森林保健养生、康复疗养、健康养老、健康教育等业态。优化森林康养生态环境，加强森林康养环境监测，推进公共服务设施建设。创建一批森林康养基地，推广一批森林康养品牌。到2025年，森林康养服务总人数超过6亿人次。

（十一）草产业

稳步发展生态草牧业，鼓励北方地区种植羊草、冰草、针茅、无芒雀麦、燕麦、披碱草、苜蓿、沙打旺等优质乡土草种，在南方水热条件适宜地区种植优质高产禾草，建设优质人工牧草生产基地。大力发展草种业，培育建设“育繁推”一体化草种市场。引导草坪业健康发展，推广建植低耗水、抗病虫害、耐踩踏、耐旱、节土、节肥型草坪。充分挖掘和发挥草原自然资源及文化优势，积极发展草原文旅产业。

（十二）沙产业

构建沙区生态治理与特色产业发展协同推进机制。科学划分沙产业功能区，因地制宜发展沙柳、沙枣、沙棘、柽柳、梭梭、柠条等节水型种植业，积极发展沙区食品、药材、饲草等循环用水型加工业，依托沙漠公园适度发展生态旅游康养等环境友好型服务业。

四、保障措施

（一）加强组织领导

各级林草主管部门要认真履行产业管理职责，高度重视林草产业发展，将其列入重要议事日程，加强行业指导和管理服务，积极争取支持政策，推动产业发展各项工作落到实处。

（二）完善投入机制

中央财政资金支持木本油料营造、林木良种培育和油料产业发展，地方根据需要并结合实际情况，积极履行支出责任，按规定统筹中央财政和自有财力，大力支持林草产业发展。中央预算内投资支持山水林田湖草沙一体化保护和系统治理，支持将符合条件的经济林、油茶林等造林项目以及林木种质资源保护等项目纳入生态建设支持范围。完善金融服务机制，引导金融机构开发符合林草产业特色的金融产品。落实支持中小微企业、个体工商户和农户的金融服务优惠政策。鼓励社会资本规范有序设立林草产业投资基金，充分发挥林草主管部门的行业优势，稳妥推进基金项目储备、项目推介等工作。

（三）优化资源管理

完善林草资源管理制度，促进资源集约、节约、高效、循环利用。科学实施森林分类经营，在符合《国家级公益林管理办法》有关规定前提下，依法依规利用集体和个人所有的一级国家级公益林与二级国家级公益林，保障商品林经营者依法自主经营。落实国家关于支持乡村振兴的有关用地政策，在不破坏生态和严格履行程序的前提下，保障林草产业用地。对集中连片开展生态修复达到一定规模的经营主体，允许在符合土地管理法律法规和国土空间规划、依法办理建设用地审批手续、坚持节约集约用地的前提下，利用1%—3%的治理面积从事旅游、康养等产业开发。在林地上修筑直接为林业生产经营服务的工程设施，符合《森林法》有关规定的，不需要办理建设用地审批手续。落实国有资产报告制度要求，丰富和完善林草资源资产报告内容。

（四）推进示范建设

推动共建现代林业产业示范省区，认定命名国家林业重点龙头企业、国家林业产业示范园区、国家林下经济示范基地等，参与创建中国特色农产品优势区。鼓励各地培育壮大龙头企业、产业基地和园区，支持符合条件的经营主体申报农业产业化龙头企业等。办好各类重点林业展会。

表 8　重要林业节庆展会

序　号	名　　单
1	中国森林旅游节
2	中国竹文化节
3	中国义乌国际森林产品博览会
4	中国新疆特色林果产品博览会
5	中国绿化博览会
6	中国花卉博览会
7	世界园艺博览会 A1 类
8	世界园艺博览会（A2+B1 类）
9	中国杨凌农业高新科技成果博览会
10	中国林产品交易会
11	中国—东盟博览会林产品及木制品展
12	中国·合肥苗木花卉交易大会
13	新疆苗木花卉博览会
14	中国（赣州）家具产业博览会
15	海峡两岸（三明）林业博览会
16	全国沙产业创新博览会

注：1～9 为国家林草局主办或参与主办的节庆展会

系，重点发展森林保健养生、康复疗养、健康养老、健康教育等业态。优化森林康养生态环境，加强森林康养环境监测，推进公共服务设施建设。创建一批森林康养基地，推广一批森林康养品牌。到 2025 年，森林康养服务总人数超过 6 亿人次。

《规划》要求，稳步发展生态草牧业，充分挖掘和发挥草原自然资源及文化优势，积极发展草原文旅产业。同时构建沙区生态治理与特色产业发展协同推进机制。依托沙漠公园适度发展生态旅游康养等环境友好型服务业。

《规划》提出，要优化资源管理，完善林草资源管理制度，促进资源集约、节约、高效、循环利用。落实国家关于支持乡村振兴的有关用地政策，在不破坏生态和严格履行程序的前提下，保障林草产业用地。对集中连片开展生态修复达到一定规模的经营主体，允许在符合土地管理法律法规和国土空间规划、依法办理建设用地审批手续、坚持节约集约用地的前提下，利用 1% ～ 3% 的治理面积从事旅游、康养等产业开发。

第三节　生态旅游成为国有林场绿色经济发展的重要途径

2021 年 10 月 9 日，国家林草局公布修订后的《国有林场管理办法》。《办法》明确："国有林场应当坚持生态优先、绿色发展，严格保护森林资源，大力培育森林资源，科学利用森林资源，切实维护国家生态安全和木材安全，不断满足人民日益增长的对良好生态环境和优质生态产品的需要。"《办法》提出："国有林场可以合理利用经营管理的林地资源和森林景观资源，开展林下经济、森林旅游和自然教育等活动，引导支持社会资本与国有林场合作利用森林资源。"（详见国家林业和草原局官方网站）

第四节　建设项目使用林地审核审批对规范生态旅游相关项目建设提出新要求

2021 年 9 月 13 日，国家林草局印发《建设项目使用林地审核审批管理规范》。《规范》对生态旅游建设项目作了明确界定，即"以有特色的生态环境为主要景观，以开展生态体验、生态教育、生态认知为目的，不破坏生态功能的必要的相关公共设施建设项目。"《规范》在建设项目使用林地申请材料、审核审批实施程序、审核审批办理条件、审核审批监管要求、临时使用林地监管要求等方面，对规范生态旅游相关项目建设提出了新要求（详见国家林业和草原局官方网站）。

第二章 全国林草生态旅游游客量测算

第一节　2021 年全国林草生态旅游游客量总体情况

国家林草局林场种苗司依托“全国林草生态旅游游客量信息管理系统”，根据 509 家全国林草生态旅游游客量数据采集样本单位提供的数据，逐月测算全国林草生态旅游游客量。2021 年全国林草生态旅游游客量达到 20.93 亿人次，比 2020 年游客量（18.68 亿人次）增加 2.25 人次，同比增加 12.04%，是 2019 年全国生态旅游游客量（29.8 亿人次）的 70.23%。

第二节　各月份游客量

全年各月份游客量从大到小依次为 5 月、10 月、7 月、2 月、4 月、6 月、3 月、9 月、8 月、11 月、1 月、12 月。

一、各月份游客量变化分析

由表 2–1 可见，上半年的每月游客量呈现出逐步增加态势，而下半年则呈现出逐步下降态势。

表 2–1　2021 年月度林草生态旅游游客量数据

月　份	游客量（亿人）	占　比	排　序
1 月	0.91	4.35%	11
2 月	2.27	10.85%	4
3 月	1.5	7.17%	7
4 月	1.95	9.32%	5
5 月	2.81	13.43%	1
6 月	1.78	8.50%	6
7 月	2.38	11.37%	3
8 月	1.3	6.21%	9
9 月	1.4	6.69%	8
10 月	2.75	13.14%	2
11 月	0.98	4.68%	10
12 月	0.9	4.30%	12
全年合计	20.93	100.00%	

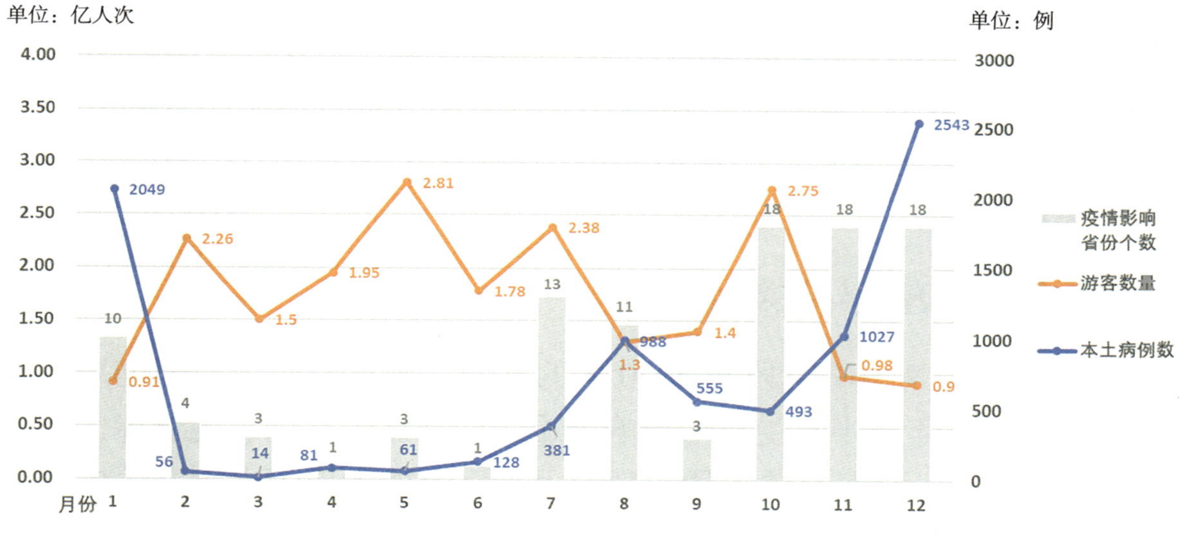

图 2–1　疫情变化与生态旅游游客量变化趋势

全年生态旅游游客量变化呈现出三大特点。

（1）疫情对游客量产生显著影响。随疫情加重游客明显减少，疫情渐缓则游客增加。整体来看，2021 年 1 月受疫情影响较大，随着疫情防控成效表现出快速恢复，随着 Delta、Omicron 毒株的影响，8 月疫情出现反弹，影响直至 12 月，影响期长达 4 个月。因此 2021 年游客量变化趋势为 1 月呈现全年最低水平，为 0.91 亿人次，元旦也受之影响，成为全年游客量最低的节假日；随着 2 月疫情恢复至正常状态，游客量出现回升，8、9 月受疫情、降雨等因素影响，导致部分生态旅游目的地处于闭园状态，游客量出现下降，回落至 1.3 亿人次和 1.4 亿人次的较低水平；随着疫情形式不断严峻，再次回落到 11 月 0.98 亿人次和 12 月 0.90 亿人次的水平，也印证了疫情对生态旅游的显著影响。

（2）节假日对游客量有明显带动。其中重点节假日单日游客量显著高于同月非节假日游客量。上半年受 2 月春节和 5 月劳动节的带动作用，生态旅游热度出现两个小高峰，两月的游客量分别达到 2.27 亿人次和 2.81 亿人次，5 月也成为全年游客量最多的月份；国庆节期间，通过 8 月、9 月对疫情的控制以及节假日旅游的带动，游客量回升至 2.75 亿人次，10 月成为全年游客量第二高的月份。

（3）季节及气候条件对游客量造成一定影响。由于不同地区不同条件下的旅游体验在不断变化，对大众的生态旅游参与度也产生一定影响。主要表现在 4 ～ 7 月随春季气候转暖，生态旅游游客量整体呈现上升趋势；8 ～ 9 月期间山西、黑龙江、安徽、河南、陕西等地区出现强降雨、汛期、洪灾等特殊情况，部分景区处于闭园状态，同时天气、道路泥泞、修路、分时放行等多方面因素对行人出行也造成影响，加之疫情影响一同导致游客量出现明显下滑；10 ～ 12 月河北、黑龙江、陕西、青海等部分地区迎来防火期，伴随封山、闭园及冬季天气转冷、大雪等情况，游客量在国庆节的小高峰后由于疫情严峻急速下降。

二、各月份游客量与往年比较

由于 2021 年疫情影响时段与 2020 年的不同，游客量变化趋势也呈现截然相反的趋势。2020 年上半年受疫情影响严重，生态旅游活动表现低迷，游客量在 2 月降至最低值，对春节游客量的影响也是巨大的，而下半年开始疫情管控成效明显，人民正常生活逐步恢复，游客量出现回升。而 2021 年趋势则完全相反，近两年在 1 月期间均受疫情影响导致游客量较低，但通过防疫经验的累积，2021 年管控及时，迅速转好，反而下半年受毒株变异、境外输入等影响，疫情转为严峻。

由于游客出行活动和游客数量与疫情发展情况相呼应的特点，1 月及元旦游客量测算数据均与去年同期接近，处于全年最低水平。从 2 月起，上半年生态旅游逐步回暖，增长程度大于 2020 上半年度，增长状态持续至 7 月，出现

2～7月同期游客数量均高于2020年的情况。反观下半年，受疫情影响，游客量出现回落，尽管10月受国庆节影响游客量出现全年第二个高峰，但仍低于去年水平。表现为8～12月游客量水平均低于2020年同期水平。详见图2-2。

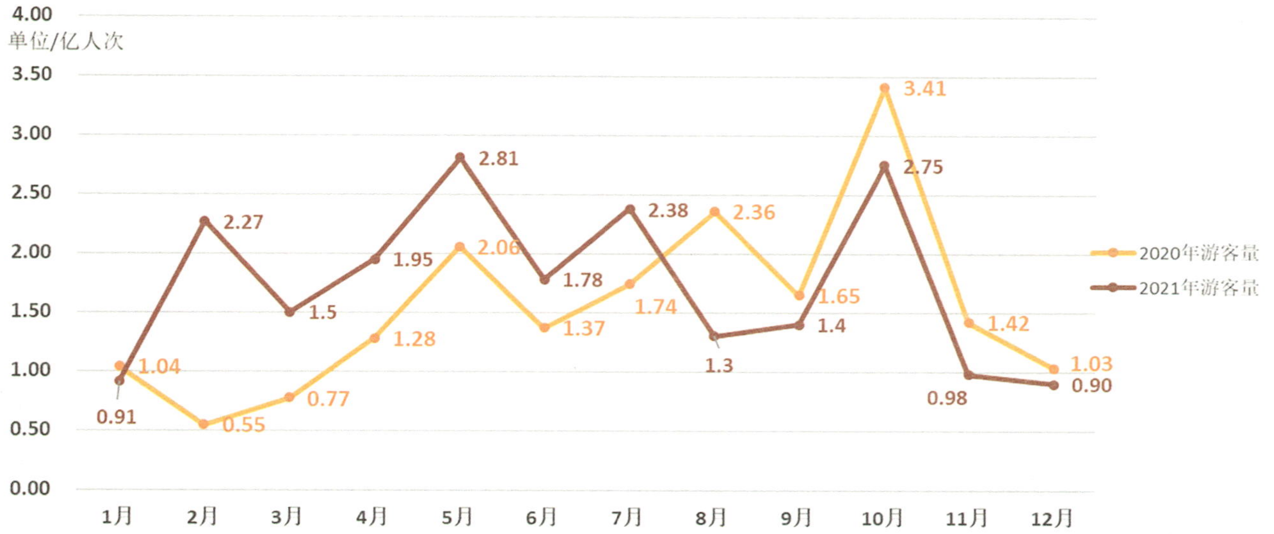

图2-2　2020年与2021年月度游客量对比分析

第三节　重点节假日游客量

元旦、春节、中秋节、国庆节、劳动节等5个主要节假日游客量总计51767.96人次，占全年游客量的24.73%。

一、重点节假日游客量变化分析

在五个重点节假日中，生态旅游游客量从大到小依次是劳动节（17377.46万人次）、国庆节（15191.14万人次）、春节（12819.76万人次）、中秋节（3490.93万人次）、元旦（2888.67万人次）。其中单日游客量最大值为劳动节第二天（4843.25万人次），占重点节假日总和的9.36%，是全年单日平均游客量（573.53万人次）的8.44倍；重点节假日平均单日游客量（2070.72万人次）是非节假日平均单日游客量（463.44万人次）的4.47倍。

表 2-2　2021 年节假日游客量数据

节日类型	游客数（万人）	占　比
元　旦	2888.67	5.58%
春　节	12819.76	24.76%
劳动节	17377.46	33.57%
中秋节	3490.93	6.74%
国庆节	15191.14	29.34%
总　计	51767.96	100.00%

二、重点节假日游客量与往年比较

元旦生态旅游游客量水平与去年接近。随着 2 月疫情缓和，春节游客量远超去年同期水平，总数差值接近 4.6 倍。劳动节游客量总数约为去年 1.7 倍。8 月开始游客量走低，中秋节降至全年节假日第二低水平，约为去年同期的 1/2。国庆节有所回升，但与去年相比仅第一天和第二天略微超过同期水平，随后几天游客量下降程度较大，同时考虑到 2020 年国庆放假为 8 天，而 2021 年为 7 天，对国庆节总游客量有一定影响，数据上相较去年共减少 4548 万人次。详见图 2-3。

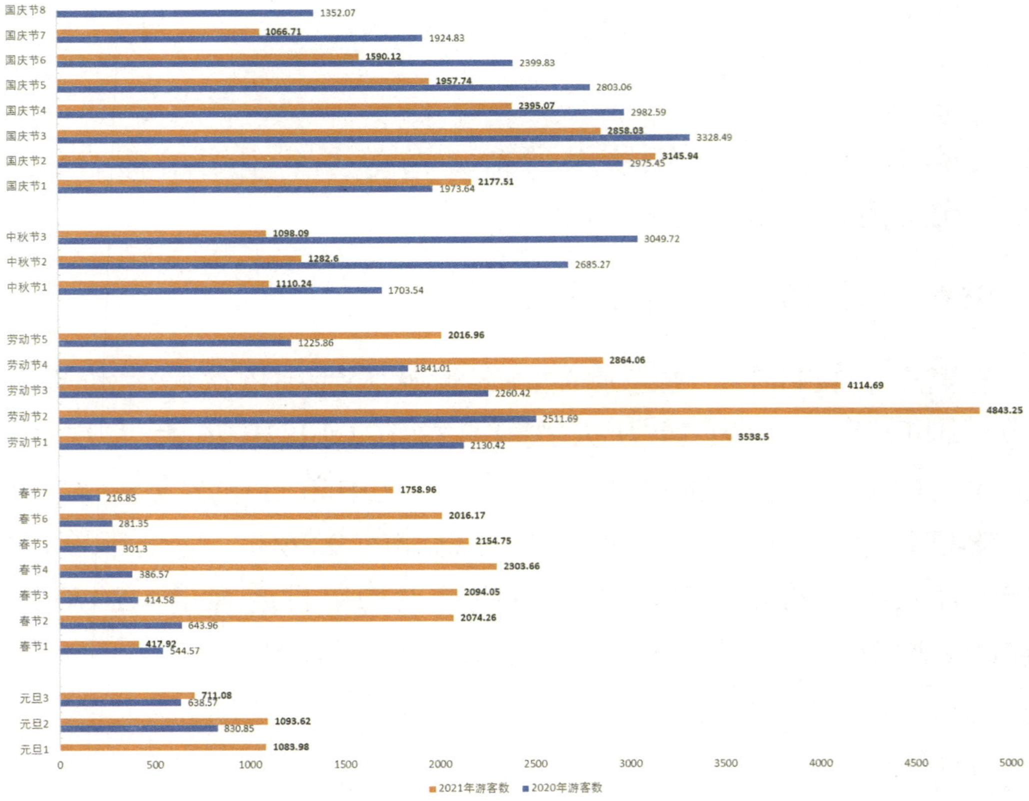

图 2-3　2020 年与 2021 年节假日游客量对比分析

第四节　第二批“全国林草生态旅游游客量数据采集样本单位”

在各省推荐的基础上，国家林草局林场种苗司遴选出河北衡水湖国家级自然保护区等93家单位作为第二批“全国林草生态旅游游客量数据采集样本单位”。

专　栏2

国家林业和草原局林场种苗司关于公布第二批全国林草生态旅游游客量数据采集样本单位和通报前一阶段生态旅游游客量数据报送情况的函

场旅函〔2021〕14号

各省、自治区、直辖市林业和草原主管部门，大兴安岭林业集团，内蒙古森工集团：

经各省推荐，我司确定了河北衡水湖国家级自然保护区等93家单位作为第二批“全国林草生态旅游游客量数据采集样本单位”（以下简称“样本单位”），现予公布（名单见附件1）。

自2021年年初开始，第一批共416家样本单位通过“全国林草生态旅游游客量信息管理系统”在线填报游客量数据，截至目前，样本单位整体的数据填报率达到88%。湖南等12个省份的组织管理力度较强，数据填报率、数据有效性远超全国平均水平（见附件2）。有225家样本单位在历次数据报送中表现突出，数据报送及时，并且无缺项、无异常。但尚有少数省份对这项工作重视程度不够，对样本单位指导督促不力，个别省份的数据报送率甚至不足30%；少数样本单位没能严格按要求报送游客量数据，迟报、漏报、错报问题突出，其中有13家样本单位完全没有履行职责，至今没有报送数据。

做好全国林草生态旅游游客量数据采集和信息发布是我局党组决策部署的一项重要工作，请各省（自治区、直辖市）林草主管部门、各森工（林业）集团高度重视，按照《全国林草生态旅游游客量数据采集和信息发布管理办法》要求，持之以恒地指导、督促样本单位及时、准确报送游客量数据。我司将在年底通报各地报送数据情况，并对表现突出的样本单位给予表扬；对不能尽职履职的样本单位，将按照《管理办法》第二十四条规定，撤销其样本单位身份。

《全国林草生态旅游游客量数据采集和信息发布管理办法》和《全国林草生态旅游游客量数据采集样本单位牌匾样式》已由林旅字〔2020〕6号和场旅函〔2021〕4号印发，请自行查阅。

特此通知。

附件：1. 第二批全国林草生态旅游游客量数据采集样本单位名单

2.2021年1月—8月全国生态旅游游客量数据报送工作表现突出省份名单

国家林业和草原局国有林场和种苗管理司

（国家林业和草原局生态旅游工作领导小组办公室）

2021年9月29日

附件1

第二批全国林草生态旅游游客量

数据采集样本单位名单

序　号	省　份	草原公园名称	样本序号
1	河北（3）	河北衡水湖国家级自然保护区	ETS 冀 010
2		河北驼梁国家级自然保护区	ETS 冀 011
3		南大港湿地和鸟类省级自然保护区	ETS 冀 012

续表

序　号	省　份	草原公园名称	样本序号
4	山西（5）	山西阳城蟒河猕猴国家级自然保护区	ETS 晋 013
5		山西棋子山国家森林公园	ETS 晋 014
6		山西龙泉国家森林公园	ETS 晋 015
7		山西介休汾河国家湿地公园	ETS 晋 016
8		黄河壶口瀑布风景名胜区	ETS 晋 017
9	辽宁（2）	锦州市东方华地城湿地公园	ETS 辽 018
10		锦州市笔架山风景名胜区	ETS 辽 019
11	吉林（5）	吉林省仙人桥温泉度假区	ETS 吉 009
12		吉林大石头亚光湖国家湿地公园	ETS 吉 010
13		吉林延边仙峰国家森林公园	ETS 吉 011
14		老白山原始生态风景名胜区	ETS 吉 012
15		大荒沟生态景区	ETS 吉 013
16	黑龙江（3）	黑龙江金山国家森林公园	ETS 黑 019
17		黑龙江达勒国家森林公园	ETS 黑 020
18		野鹿神省级森林公园	ETS 黑 021
19	江苏（1）	江苏东吴国家森林公园	ETS 苏 019
20	浙江（6）	仙居风景名胜区	ETS 浙 020
21		方岩风景名胜区	ETS 浙 021
22		雪窦山风景名胜区	ETS 浙 022
23		浙江云和梯田国家湿地公园	ETS 浙 023
24		浙江青山湖国家森林公园	ETS 浙 024
25		浙江畲乡草鱼塘国家森林公园	ETS 浙 025
26	福建（5）	福建上杭国家森林公园	ETS 闽 019
27		湄洲岛风景名胜区	ETS 闽 020
28		太姥山风景名胜区	ETS 闽 021
29		福安白云山风景名胜区	ETS 闽 022
30		福建将乐天阶山国家森林公园	ETS 闽 023
31	山东（3）	山东滕州滨湖国家湿地公园	ETS 鲁 024
32		山东黄河玫瑰湖国家湿地公园	ETS 鲁 025
33		山东蒙山国家森林公园	ETS 鲁 026

续表

序　号	省　份	草原公园名称	样本序号
34	河南（10）	焦作省级森林公园	ETS 豫 013
35		修武青龙峡风景名胜区	ETS 豫 014
36		宁陵县葛天省级森林公园	ETS 豫 015
37		河南黄河故道国家森林公园	ETS 豫 016
38		国有商丘市民权林场	ETS 豫 017
39		河南鸡公山国家级自然保护区	ETS 豫 018
40		灵山风景名胜区	ETS 豫 019
41		河南省国有商城黄柏山林场	ETS 豫 020
42		河南南湾国家森林公园	ETS 豫 021
43		河南平桥两河口国家湿地公园	ETS 豫 022
44	湖北（10）	湖北柴埠溪国家森林公园	ETS 鄂 007
45		湖北五脑山国家森林公园	ETS 鄂 008
46		麻城市龟峰山风景名胜区	ETS 鄂 009
47		湖北大别山国家森林公园	ETS 鄂 010
48		湖北坪坝营国家森林公园	ETS 鄂 011
49		国营麻城市狮子峰林场	ETS 鄂 012
50		神农架国家公园（试点）	ETS 鄂 013
51		武当山风景名胜区	ETS 鄂 014
52		武汉九峰森林动物园	ETS 鄂 015
53		岘山国家森林公园	ETS 鄂 016
54	湖南（10）	湖南溆浦思蒙国家湿地公园	ETS 湘 018
55		韶山风景名胜区	ETS 湘 019
56		南岳衡山风景名胜区	ETS 湘 020
57		岳阳楼—洞庭湖风景名胜区	ETS 湘 021
58		湖南衡东洣水国家湿地公园	ETS 湘 022
59		湖南洪江清江湖国家湿地公园	ETS 湘 023
60		湖南不二门国家森林公园	ETS 湘 024
61		湖南幕阜山国家森林公园	ETS 湘 025
62		湖南溆浦国家森林公园	ETS 湘 026
63		湖南桃花源国家森林公园	ETS 湘 027
64	广东（1）	广东新会小鸟天堂国家湿地公园	ETS 粤 065

续表

序 号	省 份	草原公园名称	样本序号
65	广西（4）	广西三门江国家森林公园	ETS 桂 009
66		广西十万大山国家森林公园	ETS 桂 010
67		广西大桂山国家森林公园	ETS 桂 011
68		钦州市八寨沟旅游景区	ETS 桂 012
69	海南（3）	海南七仙岭温泉国家森林公园	ETS 琼 003
70		琼海市白石岭森林公园	ETS 琼 004
71		三亚亚龙湾热带天堂森林公园	ETS 琼 005
72	重庆（5）	重庆云阳龙缸国家地质公园	ETS 渝 008
73		重庆缙云山国家级自然保护区	ETS 渝 009
74		重庆武陵山国家森林公园	ETS 渝 010
75		天生三桥风景名胜区	ETS 渝 011
76		长寿湖风景名胜区	ETS 渝 012
77	贵州（7）	龙宫风景名胜区	ETS 贵 022
78		黄果树风景名胜区	ETS 贵 023
79		荔波兰鼎山省级森林公园	ETS 贵 024
80		贵州省国有扎佐林场	ETS 贵 025
81		遵义市汇川娄山关景区	ETS 贵 026
82		六枝牂牁江风景名胜区	ETS 贵 027
83		花江大峡谷风景名胜区	ETS 贵 028
84	西藏（2）	西藏珠穆朗玛峰国家级自然保护区	ETS 藏 004
85		班公湖湿地自治区级自然保护区	ETS 藏 005
86	陕西（6）	陕西紫柏山国家森林公园	ETS 陕 017
87		陕西朱雀国家森林公园	ETS 陕 018
88		陕西王顺山国家森林公园	ETS 陕 019
89		陕西天竺山国家森林公园	ETS 陕 020
90		陕西劳山国家森林公园	ETS 陕 021
91		陕西省白云山森林公园	ETS 陕 022
92	甘肃（2）	金塔潮湖省级森林沙漠公园	ETS 甘 017
93		甘肃张掖市甘州区平山湖国家地质公园	ETS 甘 018

第三章 新业态新产品培育

第一节　国家森林步道

国家森林步道是穿越著名山脉和典型森林，邻近具有国家代表性的自然风景、历史文化区域，是长跨度、高品质的的带状休闲空间，由道路系统、保障系统、服务系统、景观系统、教育系统和外围支持系统构成。2021 年，国家林草局组织编制了《全国国家森林步道中长期发展规划（2021—2050 年）》《太行山国家森林步道总体规划》，支持江西省抚州市把国家森林步道建设纳入全国林业改革发展综合试点市实施方案，指导相关市县加快示范段建设，通过各类媒体加大宣传和引导力度。

专　栏 3

国家森林步道，让自然体验更美好

陈鑫峰

国家森林步道是自然精华聚集地，穿越众多名山大川和典型森林，形成了最具中国特色的森林美景集群，并在自然教育、自然休憩、文化传承、改善民生等方面发挥着积极作用。

2015 年，国家林业局决定以大山区、大林区为主要依托构建我国国家森林步道体系，12 条国家森林步道通过论证陆续公布。随着持续开展科学普及和宣传推介，不断加强标准化建设和人才培训工作，各地积极推动国家森林步道建设，国家森林步道社会认可度越来越高。2018 年，中共中央、国务院印发了《乡村振兴战略规划（2018—2022 年）》，要求在贫困地区建设一批国家森林步道。2019 年，“森林步道”写入新修订的《中华人民共和国森林法》，并明确将其定性为直接为林业生产经营服务的工程设施。

随着人民生活水平的不断提高，沉浸式体验大自然已成为一种快速增长的社会需求。据统计，我国的户外运动爱好者已超过 1.3 亿人，每年长距离徒步穿越森林的人群在 2000 万人以上。而我国目前长距离徒步旅行还基本停留在民众自发组织阶段，没有成型的步道体系，没有规范的服务保障体系。

长距离徒步旅行是经济社会发展到一定水平后的必然产物，鉴于我国人口基数庞大、经济持续快速发展，预计长距离徒步旅行市场需求惊人，并成为生态旅游新的增长点。

借鉴国际经验建长距离步道体系

如何满足公众长距离徒步的美好体验需求？在这方面，有很多成熟的国际经验可以借鉴。在欧美国家，建设国家步道已有百年历史，在步道建设、管理、运行、社会资源利用、制度化标准化建设等方面卓有成效。

国家步道属于一个比较宽泛的概念，是指在自然和人文资源相对集中、生态系统完整性、原真性较好的区域，将一系列重要景区相串联，为人们提供自然与文化体验、生态教育、康体休闲等机会，并由国家相关部门负责管理的步行廊道系统。国家步道的主体是长程步道，如美国 2/3 的国家风景步道和国家历史步道长度约在 1600 公里以上。长程步道串联起多样化的地貌、丰富的森林景观，是徒步者挑战自我、突破自我、树立自信的绝佳途径，是徒步者与步道沿线居民文化与经济交流的重要纽带，也是培养国民敬畏自然、尊重历史的有效方式。

美国于 1921 年启动建设第一条国家步道——阿帕拉契亚国家风景步道，3500 公里。欧洲的第一条步道是匈牙利的“国家蓝色步道”，建于 1938 年，全程1128公里。英国于1965年建成第一条国家步道——奔宁步道，全程429公里。欧盟成立后，欧洲徒步协会各成员国共同建立了跨国步道体系，鼓励民众跨境行走，以促进欧洲各国之间的联系和相互了解。目前步道数量已达到12条，穿越大部分欧洲国家，全程6万余公里。

时至今日，多国已基本形成国家步道网络，并拥有较高的分布密度，英国、美国、加拿大的国家步道密度分别达到每万平方公里160公里、100公里、60公里。以加拿大大步道为例，全程2.4万公里，从大西洋到太平洋最后到达北冰洋，穿过加拿大所有省和地区，80%的加拿大人驱车30分钟即可到达大步道。一些国家还在法律层面确立了国家步道的地位，如美国早在1968年就颁布了《国家步道体系法案》，美国国家公园管理局曾把步道定性为“具有保护价值的线性廊道”，认为它是与国家公园、国家海岸同等重要的保护单元。

国家步道已成为众多欧美国家基础建设的重要组成部分，国家形象的重要组成元素，肩负着生态教育、遗产保护、文化传承、休闲服务、经济增长等诸多使命的自然与文化综合体。国家步道体系为民众提供了富有想象力的回归自然和探索自然的机会，所以民众对徒步活动一直充满热情。以美国为例，每年阿帕拉契亚国家风景步道的徒步者有200万～300万人。自该步道建成以来，有超过1.5万人走完了全程。

建设国家森林步道获各界支持

我国的国家森林步道是在认真学习借鉴国外国家步道发展成就的基础上推动起步的。国家森林步道主要以大山区、大林区为依托，同时包括一部分草原、湿地、沙漠、海岸等。步道满足人们深入大自然、体验大自然的需求，是一种主要供人们徒步穿越的长距离路线。

从2017年开始，国家林业和草原局陆续公布了3批共12条国家森林步道，分别是秦岭、太行山、大兴安岭、武夷山、罗霄山、天目山、南岭、苗岭、横断山、小兴安岭、大别山、武陵山国家森林步道，沿线途经20个省份，总里程超过2.2万公里。其中最长的是横断山步道全程3300公里，最短的大别山步道全程840公里。在过去几年中，国家林草局先后组织编制了《国家森林步道》科普读本、《国家森林步道——国外国家步道建设的启示》专业书籍，颁布了《国家森林步道建设规范》，启动了全国国家森林步道中长期发展规划，以及太行山、秦岭等单条国家森林步道总体规划的编制工作，通过多种途径加强宣传推广和知识普及。

发展国家森林步道得到了社会各界的广泛认可和支持。建设国家森林步道写入了多个重要的地区性发展规划。一些省、市、县把推动国家森林步道作为推动区域高质量发展的新抓手。福建省把建设森林步道纳入省委组织实施的乡村振兴战略十大行动，并列入省林业局年度绩效考评范围。太行山国家森林步道济源段、武夷山国家森林步道武平段、罗霄山国家森林步道临湘段在内的一批国家森林步道路段，已陆续建成并正式对外开放。越来越多的企业、高校、社团等以不同方式，参与到国家森林步道的研究、推广和建设管理中来，国家森林步道也成了各类媒体宣传报道林草业发展的一大热点。

实现生态产品价值的重要途径

国家林业和草原局生态旅游管理办公室组织开展的一次野外徒步情况和需求社会调查显示，长距离野外徒步已走进公众日常生活，如每年野外徒步超过 10 次的受访者比例达到 48.7%，有过连续徒步 2–5 天经历的受访者比例达到 30.5%，甚至有过连续徒步 10 天的受访者比例达到了 4.9%。根据调查，89.4% 的受访者其徒步动机主要是为了接触大自然，85.1% 的受访者更愿意在森林中徒步，在徒步过程中更愿意选择吃农家饭、住农家屋的受访者比例分别达到了 82%、67%。有 87% 的受访者表示愿意为国家森林步道的建设发展提供志愿服务。

国家森林步道建设是一个体系化工程，步道通常跨越几个省区，且涉及道路系统、服务系统、保障系统、教育系统、景观系统和外围系统等多个方面的建设，建成的步道将是一条重要的生态产品价值实现途径。除了满足公众快速增长的长距离野外徒步需求外，还有助于提高自然资源的合理利用水平，并成为弘扬生态文明理念、开展生态文化教育的一个重要载体，同时沿线百姓有机会通过提供餐饮住宿服务、销售土特产品等增加收入。

来源：《中国绿色时报》2021 年 11 月 11 日

图 3–1　太行山国家森林步道（张燕，摄）

图 3–2　秦岭国家森林步道

图 3-3　步道串联众多历史古道（邓福才，摄）

表 3-1　2021 年各省份国家森林步道示范段建设情况

省　份	国家森林步道示范段建设情况
北京市	建成首条长 21 公里的示范森林步道 开展森林步道形象标识 LOGO 征集、审定和发布 编制《北京森林步道标识标牌设计规范》 编制《太行山国家森林步道（北京段）总体规划》
福建省	建设森林步道 850 公里 建成 1 条集林业科普、休闲健身于一体的森林步道并免费对外开放 福州的“福道”成为森林步道“双江”产品，和城市的一道亮丽风景
甘肃省	加快推进秦岭国家森林步道线路和节点建设
海南省	完成国家公园范围内国家森林步道规划

图 3-4　福州金牛山森林步道（福道）

第二节　自然教育

一、国家林草局联合科技部开展首批国家林草科普基地申报认定工作

2021 年 10 月 9 日，根据《国家林业和草原局 科学技术部关于加强林业和草原科普工作的意见》（林科发〔2020〕29 号）和《国家林业和草原局 科学技术部关于印发〈国家林草科普基地管理办法〉的通知》（林科规〔2021〕2 号）要求，国家林业和草原局、科学技术部联合组织开展首批国家林草科普基地申报认定工作。

专　栏 4

国家林业和草原局办公室 科学技术部办公厅
关于开展首批国家林草科普基地申报认定工作的通知

办科字〔2021〕79 号

一、工作目标

国家林草科普基地以习近平生态文明思想为指导，认真贯彻落实国家关于科学普及的工作部署和要求，坚持群众性、经常性和公益性的原则，依托森林、草原、湿地、荒漠、野生动植物等林草资源开展主题明确、内容丰富、形式多样的自然教育和生态体验活动，传播林草科学知识和生态文化，展示林草科技成果和生态文明建设成就，开展科普作品创作，在实施创新驱动发展战略、提高全民生态意识和科学素质的科普实践中发挥示范引领作用，为推进生态文明和美丽中国建设、实现碳达峰碳中和中国承诺作出积极贡献。根据《意见》要求，2021 年拟认定首批国家林草科普基地。

二、申报条件

国家林草科普基地申报单位应具备以下基本条件：

（1）中国大陆境内注册，具有独立法人资格或受法人单位授权，能够独立开展科普工作的单位；

（2）具备鲜明的林草行业科普特色，开展主题明确、内容丰富、形式多样的科普活动，并拥有相关支撑保障资源；

（3）具备一定规模的专门用于林草科学知识和科学技术传播、普及、教育的固定场所、平台及技术手段；

（4）具有负责科普工作的部门，并配备开展科普活动的专（兼）职人员和科普志愿者，定期对科普工作人员开展专业培训；

（5）具有稳定持续的科普工作经费，确保科普活动制度性开展和科普场馆（场所）等常态化运行；

（6）面向公众开放，具备一定规模的接待能力，符合相关公共场馆、设施或场所的安全、卫生、消防标准；

（7）具备策划、创作、开发林草科普作品的能力，并具有对外宣传渠道；

（8）管理制度健全，制定科普工作的规划和年度计划。

三、申报类别

为便于国家林草科普基地的申报认定和组织管理，将分为自然保护地类、场馆场所类、教育科研类和信息传媒类等四类进行申报。

（1）自然保护地类：依托各类自然保护地建立的国家林草科普基地，利用保护地自然资源和生态系统服务功能，开展自然教育和生态体验等科普活动，普及科学知识、推广科技成果、传播科学思想、弘扬科学精神、宣传政策法规。自然保护地主要包括国家公园、自然保护区、自然公园（包括森林公园、地质公园、海洋公园、湿地公园等）。

（2）场馆场所类：依托各类场馆、场所建立的国家林草科普基地，主要通过开发利用场馆或场所的展教功能，开展演示、体验、互动等科普活动，普及林草科学知识、展示林草科技成果、宣传林草重大工程成就、弘扬林草科学精神。场馆场所主要包括科技馆、博物馆、植物园、动物园等以及各类林场、草场、林下经济基地、林草种苗基地等。

（3）教育科研类：依托各类教育科研机构平台建立的国家林草科普基地，主要通过拥有的科普展教资源，面向社会公众开展科普活动，普及林草科学知识与方法、展示林草科技成果、弘扬林草科学精神。教育科研机构平台主要包括学校、科研院所中的重点实验室、科研中心、生态定位站、长期科研基地等。

（4）信息传媒类：依托各类信息传媒组织建立的国家林草科普基地，主要通过媒介的信息传播优势开展科普宣教活动，普及林草科学知识、展示林草科技成果、弘扬林草科学精神、宣传政策法规。信息传媒组织主要包括出版社、报社、期刊社、广播电视台、新媒体等。

四、工作流程

（1）组织推荐。各省级林草主管部门会同省级科技主管部门负责本辖区内国家林草科普基地的组织申报、形式审查和推荐工作；国家林业和草原局、科学技术部直属单位和中央直属的科研院所及高校可直接推荐申报。

（2）资格审查。国家林草科普基地管理办公室（以下简称基地管理办公室）对推荐单位提交的申报材料进行审查，确定拟进入现场核验环节的基地名单。

（3）现场核验。基地管理办公室组织专家组通过听取基地情况汇报、查阅相关证明材料和现场考察基地科普工作情况对申报基地进行现场核验，根据《国家林草科普基地评价规范》等技术文件和实际核验情况给予核验评分，形成书面核验意见，汇总后确定拟进入组织审定环节的基地名单。

（4）组织审定。基地管理办公室组织会议评审，研究确定报送国家林业和草原局科普工作领导小组审定的基地名单。审定后的拟命名基地名单按程序报批公示。

（5）公示命名。拟命名国家林草科普基地名单向社会公示，公示期为7个工作日。公示无异议或异议消除的申报单位，由国家林业和草原局、科学技术部联合命名为“国家林草科普基地”，向社会公布并颁发证书和牌匾。

五、工作要求

各有关单位要高度重视，认真组织，按照《办法》要求，严格把关，本着“确保质量、优中选优”的原则，积极开展首批国家林草科普基地申报推荐工作。

（1）推荐名额。各省（含自治区、直辖市、兵团）推荐的基地数量1—2个，国家林业和草原局直属单位、科学技术部直属单位、中央直属的科研院所及高校等推荐的基地数量不超过1个。

（2）申报材料要求。各推荐单位要认真组织申报单位填报材料，通过国家林草科普基地管理信息系统（网址：http://lincao.cfph.net:885/）进行填报并上传有关附件证明材料。通过形式审查后打印带有水纹的申报材料，报送至基地管理办公室，推荐函中请对推荐名单产生方式和过程作简要说明。

（3）报送时间要求。各推荐单位申报截止日期为2021年10月29日（以邮寄日期为准），所有正式申报材料一式2份，通过EMS邮寄。

联系人：国家林业和草原局科技司 任学勇 唐红英

电话：010-84238788 84238851

邮箱：tuiguangchu@126.com

地址：北京市东城区和平里东街18号

邮编：100714

国家林业和草原局办公室

科学技术部办公厅

2021年10月9日

二、国家林草局、科技部联合印发《国家林草科普基地管理办法》

2021年6月21日，国家林业和草原局、科学技术部联合印发《国家林草科普基地管理办法》，以规范国家林草科普基地的申报、评审、命名、运行与管理等工作。

国家林草科普基地由国家林草局会同科技部共同负责管理，成立国家林草科普基地管理办公室，管理办公室设在国家林草局科技司。各省级林草主管部门会同科技主管部门负责本行政区域内国家林草科普基地的审核、推荐和日常管理工作。

专　栏5

国家林草科普基地管理办法

第一章　总　则

第一条　根据《中华人民共和国科学技术普及法》和《国家林业和草原局 科学技术部关于加强林业和草原科普工作的意见》要求，为加强和规范国家林草科普基地建设和运行管理，充分发挥其科普功能和作用，制定本办法。

第二条　本办法适用于国家林草科普基地的申报、评审、命名、运行与管理等工作。

第三条　国家林草科普基地是依托森林、草原、湿地、荒漠、野生动植物等林草资源开展自然教育和生态体验活动、展示林草科技成果和生态文明实践成就、进行科普作品创作的重要场所，是面向社会公众传播林草科学知识和生态文化、宣传林草生态治理成果和美丽中国建设成就的重要阵地，是国家特色科普基地的重要组成部分。

第四条　国家林草科普基地应以习近平生态文明思想为指导，认真贯彻落实国家关于科学普及的工作部署和要求，坚持群众性、经常性和公益性的原则，在实施创新驱动发展战略、提高全民生态意识和科学素质的科普实践中发挥示范引领作用，为推进生态文明和美丽中国建设、实现碳达峰碳中和中国承诺作出应有贡献。

第五条　国家林草科普基地由国家林业和草原局会同科学技术部共同负责管理，具体工作由国家林业和草原局科学技术司和科学技术部科技人才与科学普及司共同承担。各省级林草主管部门会同科技主管部门负责本行政区域内国家林草科普基地的审核、推荐和日常管理工作。

第六条 国家林业和草原局联合科学技术部成立国家林草科普基地管理办公室（以下简称“管理办公室”），负责国家林草科普基地的申报、评审、命名、运行与管理等日常工作。管理办公室设在国家林业和草原局科学技术司。

第二章 申报条件

第七条 国家林草科普基地申报单位应具备以下基本条件：

（1）中国大陆境内注册，具有独立法人资格或受法人单位授权，能够独立开展科普工作的单位；

（2）具备鲜明的林草行业科普特色，开展主题明确、内容丰富、形式多样的科普活动，并拥有相关支撑保障资源；

（3）具备一定规模的专门用于林草科学知识和科学技术传播、普及、教育的固定场所、平台及技术手段；

（4）具有负责科普工作的部门，并配备开展科普活动的专（兼）职人员队伍和科普志愿者，定期对科普工作人员开展专业培训；

（5）具有稳定持续的科普工作经费，确保科普活动制度性开展和科普场馆（场所）等常态化运行；

（6）面向公众开放，具备一定规模的接待能力，符合相关公共场馆、设施或场所的安全、卫生、消防标准；

（7）具备策划、创作、开发林草科普作品的能力，并具有对外宣传渠道；

（8）管理制度健全，制定科普工作的规划和年度计划。

第三章 申报程序

第八条 国家林草科普基地申报工作原则上每两年开展 1 次。

第九条 符合申报条件的单位按要求提供《国家林草科普基地申报表》（见附表）以及相关证明材料，向所在地省级林草主管部门提出申请。

第十条 各省级林草主管部门会同本级科技主管部门审核、推荐。申报材料由两部门盖章后报送管理办公室。

第十一条　国家林业和草原局、科学技术部直属单位和中央直属的科研院所及高校可直接向管理办公室推荐申报。

第四章　评审与命名

第十二条　评审程序分为资格审查、现场核验和组织审定。

（1）资格审查。由管理办公室依据本办法对申报资格及相关材料进行核查，提出初核意见。通过资格审查后方可进入下一个评审阶段。

（2）现场核验。组织专家重点核查申报材料的真实性和实效性，由专家核验组形成书面意见。

（3）组织审定。由管理办公室根据核验意见组织评审后提出拟命名基地名单，按程序报批公示。

第十三条　国家林草科普基地评审工作实行公示制度。拟命名国家林草科普基地名单向社会公示，公示期为 7 个工作日。有异议者，应在公示期内提出实名书面材料，并提供必要的证明文件，逾期和匿名异议不予受理。

第十四条　公示无异议或异议消除的申报单位，由国家林业和草原局、科学技术部联合命名为“国家林草科普基地”，向社会公布并颁发证书和牌匾。

第五章　运行与管理

第十五条　国家林草科普基地须每年向管理办公室提交上一年度工作总结和本年度工作计划。

第十六条　管理办公室对已命名的国家林草科普基地给予一定的支持。科普基地可优先承担国家级科普项目、参加全国性科普活动、提供专业人才培训等。

第十七条　国家林业和草原局会同科学技术部对已命名的国家林草科普基地实行动态管理，命名有效期限为 5 年。有效期结束前，依据有关规定对已命名国家林草科普基地进行综合评估。评估结果分为优秀、合格、不合格 3 个等级。对评估为优秀的，予以通报表扬。对评估为不合格的提出整改意见，给予一年的整改期。对评估为优秀、合格或整改后达到要求的，命名继续有效。

第十八条　已命名国家林草科普基地有下列情况之一的，撤销授予称号：

（1）整改后仍达不到合格标准的；

（2）已丧失科普功能的；

（3）发生重大责任事故的或从事违法活动的。

第十九条　已命名国家林草科普基地如果遇到名称或法人等重要信息变更，需及时向管理办公室提交变更报告，经批准后方可办理相关变更手续。

第六章　附　则

第二十条　本办法由国家林业和草原局、科学技术部负责解释。

第二十一条　本办法自印发之日起30天后施行。

附表：国家林草科普基地申报表

三、全国关注森林活动组委会公布首批26个国家青少年自然教育绿色营地名录

2021年6月10日，全国关注森林活动组委会公布2021年国家青少年自然教育绿色营地名单，共有26个单位入选。首批全国国家青少年自然教育绿色营地，将打造成全社会特别是广大青少年接受自然体验和生态文明素质教育的重要阵地。

表3-2　国家青少年自然教育绿色营地

序　号	省　份	名　称
1	北　京	北京市古北口市级森林公园
2	内蒙古	内蒙古青少年生态示范园
3	辽　宁	辽宁省锦州市东方华地城湿地公园
4	黑龙江	黑龙江东北虎林园
5		黑龙江省伊春市九峰山养心谷景区
6	江　苏	江苏盐城国家级珍禽自然保护区

续表

序　号	省　份	名　称
7	浙　江	钱江源国家公园（试点）
8		浙江省杭州长乐青少年素质教育基地
9	安　徽	安徽省黄山市西溪南望山生活生态营地
10	福　建	福建省福州植物园
11	江　西	江西省九江森林博物馆
12	山　东	山东省淄博市原山林场
13		山东省药乡林场
14	湖　北	湖北省武汉市沙湖公园
15	湖　南	湖南莽山国家级自然保护区
16	广　东	广东广州海珠国家湿地公园
17	广　西	广西玉林市大容山国家森林公园
18	海　南	海南省霸王岭森林旅游景区
19	重　庆	重庆市彭水县摩围山景区
20		重庆梁平双桂湖国家湿地公园
21	四　川	四川省成都大熊猫繁育研究基地
22	云　南	云南省弥勒市竹园国有林场
23	陕　西	陕西省秦岭国家植物园
24		陕西旬邑马栏河国家湿地公园
25	甘　肃	甘肃省天水青鹃山景区
26	青　海	青海省西宁北山美丽园

四、中国野生植物保护协会公布年度生态教育基地名单

2021 年 2 月 28 日，中国野生植物保护协会开展 2021 年度生态教育基地推荐工作。根据《关于推荐设立中国野生植物保护协会生态教育实践基地的通知》，中国野生植物保护协会面向全国研学旅行基地，甄选符合条件的基地入选成为生态教育基地。

图 3-5　福建省福州植物园

图 3-6　第一批生态教育基地：上海市辰山植物园

专 栏6

第一批初选具备基地设立条件的科研机构类基地（14个）：

1. 中国科学院华南植物园
2. 中国科学院昆明植物研究所昆明植物园
3. 中国科学院武汉植物园
4. 中国医学科学院药用植物研究所
5. 中国科学院新疆生态与地理研究所吐鲁番沙漠植物园
6. 中国科学院庐山植物园
7. 深圳市中国科学院仙湖植物园
8. 江苏省中国科学院植物研究所南京中山植物园
9. 中国热带农业科学院香料饮料研究所
10. 广西壮族自治区药用植物园
11. 广西壮族自治区中国科学院桂林植物园
12. 云南省林业和草原科学院
13. 北京市植物园
14. 上海辰山植物园

第二批初选具备基地设立条件的自然保护地类基地（42个）：

1. 大青山国家级自然保护区
2. 鼎湖山国家级自然保护区
3. 井冈山国家级自然保护区
4. 九岭山国家级自然保护区
5. 庐山国家级自然保护区
6. 昆嵛山国家级自然保护区
7. 历山国家级自然保护区
8. 四姑娘山国家级自然保护区
9. 天宝岩国家级自然保护区

10. 梁野山国家级自然保护区
11. 君子峰国家级自然保护区
12. 花坪国家级自然保护区
13. 雅长兰科植物国家级自然保护区
14. 弄岗国家级自然保护区
15. 宽阔水国家级自然保护区
16. 小秦岭国家级自然保护区
17. 宝天曼国家级自然保护区
18. 壶瓶山国家级自然保护区
19. 莽山国家级自然保护区
20. 西洞庭湖国家级自然保护区
21. 马头山国家级自然保护区
22. 官山国家级自然保护区
23. 江西武夷山国家级自然保护区
24. 医巫闾山国家级自然保护区
25. 五鹿山国家级自然保护区
26. 芦芽山国家级自然保护区
27. 白河国家级自然保护区
28. 九寨沟国家级自然保护区
29. 高黎贡山国家级自然保护区
30. 白马雪山国家级自然保护区
31. 云龙天池国家级自然保护区
32. 西双版纳国家级自然保护区
33. 缙云山国家级自然保护区
34. 三峡大老岭自然保护区
35. 河南民权黄河故道国家湿地公园
36. 湖南保靖酉水国家湿地公园
37. 湖南长沙洋湖国家湿地公园
38. 湖南新化龙湾国家湿地公园
39. 湖南宁远九嶷河国家湿地公园

40. 内蒙古根和源国家湿地公园
41. 秦岭国家植物园
42. 湖南省森林植物园

第三节　森林康养

一、中国林业产业联合会组织认定2021年国家级森林康养试点建设单位

2021年5月，中国林业产业联合会发布《关于开展申报2021年国家级森林康养试点建设基地的通知》（中产联[2021]19号），开展2021年度国家级森林康养试点建设单位的认定工作。经申报单位自愿申报、主管部门审核推荐、用地专项检查、在地公示以及专家审查等程序，中国林业产业联合会确定北京市密云区云峰山森林康养基地等133家单位为2021年国家级森林康养试点建设基地，山西省晋城市高平市创新小镇森林康养人家等36家单位为2021年中国森林康养人家。

图3–7　北京市密云区云峰山森林康养基地

二、中国林场协会举办 2021 森林康养年会

2021 年 10 月 21 ～ 22 日，中国林场协会在四川省洪雅县召开 2021 森林康养年会。中国林场协会认定 42 家会员林场为“森林康养林场”。目前，中国林场协会共有 96 家会员单位成为森林康养林场。

图 3–8　万亩柳杉林中的四川玉屏山森林康养基地（杨清亮摄）

三、2021 年生态文明贵阳国际论坛举办“森林康养”主题论坛

2021 年 7 月 11 日，2021 年生态文明贵阳国际论坛“森林康养中国之道”主题论坛召开。论坛提出，森林康养既是绿色产业也是朝阳产业，既是健康产业又是富民产业。森林康养将民生福祉与生态文明建设、经济社会发展有机衔接，实现了大众健康、生态文明、经济社会发展的高度协调，成为一种世界潮流，不仅是绿水青山就是金山银山的有效实现形式，也是森林生态价值实现的重要途径。

论坛强调，发展森林康养产业要坚持生态优先、绿色发展。把保护森林生态环境作为根本原则，统筹考虑森林生态承载能力和发展潜力，科学优化森林康养生态环境，合理确定康养利用方式和强度。坚持以人为本、服务大众。坚持因地制宜、特色发展。坚持康养主导、融合发展。要充分发挥森林康养功能，强化健康管理，融入现代科技，推进智能健康服务，把森林康养纳入大健康产业，与养老、养生、中医药等产业融合发展。

论坛形成了 5 项成果，包括：发布“贵州省 2020 年森林生态系统服务功

能价值”、中国林业产业联合会的团体标准——《森林康养小镇建设标准和森林康养人家建设标准》，成立了贵州省森林康养研究院、贵州省森林康养医学工程研究中心、贵州省林业产业联合会森林康养创新联盟，上线启动了“建行善融商务平台贵州森林康养专区”，发布了《森林康养贵阳备忘录》。

图 3-9　2021 年生态文明贵阳国际论坛

专　栏 7

森林康养的作用机理

我国古文明天人合一和道法自然的哲学观以及治未病的医学思想奠定了森林康养的哲学及医学基础。西方医学始祖希波克拉底“保持平衡”的健康观以及“人间最好的医生是阳光、空气和运动”的观点是森林康养理论的重要支撑。

实证表明，森林之所以具有康养的作用，是多种因素共同作用的结果，森林活动能帮助人体调节自律神经和内分泌，能提升免疫功能，减轻疼痛感，增强活力，增强体能。

（一）森林磁场与人体同频共振达到康养

美国自然医学研究提出，森林的能量场和信息场与人类健康状态的能量场和信息场吻合，人们在森林里可以通过同频共振，改善人体健康状况。人体的固有频率平均值，在人体平卧时是4HZ，站立时是7.8HZ，各部位的固有频率也具有差异性，在人体某个器官或组织发生病变的情况下，与其对应的固有频率在量子水平上会有变化。具有4HZ或7.8HZ频谱的外源性波动与人体的固有频率产生同频共振时，人体内组织、器官的功能会得到修复，一些器质性病变也会逆转，健康的森林环境所产生的磁场通过人体自调控系统，启动生命自平衡、自修复机制。全身组织器官受到这种自调控作用，回复自愈力，达到整体平衡。

（二）森林中的负氧离子对人体的健康促进作用巨大

绿色植物光合作用形成的光电效应，使空气电离而产生负氧离子，森林是陆地最大的碳贮库、最经济的吸碳器和负氧离子发射器。当空气负氧离子浓度达到700个/cm3以上时，对人体具有保健作用，当达到10,000个/cm3以上时，具有治疗效果。但当人体长期生活在负氧离子浓度为200个/cm3左右的环境，会产生亚健康的状态。生活在负氧离子浓度为50个/cm3及以下时，会诱发心理障碍疾病甚至疾病。

负氧离子可以增加细胞膜的通透性，促进营养物质、水分等进入细胞进行代谢。可以通过神经调节 -- 空气离子 --- 体液机制 --- 中枢系统 --- 生理反应 -- 预防治疗疾病。高负氧离子环境可以使血液、体液的PH值呈现弱碱性；改善脂质、糖代谢，促进吸收消化；抑制有害菌繁殖；调节机体内在的生物节律；改善脏器功能；同时有利于提高人体抵御癌细胞的NK细胞活性，增加免疫力。

（三）森林释放的植物精气对人体的抑病康养

许多树木散发出的挥发性物质，即“芬多精”（不饱和的碳氢化合物），具有刺激大脑皮层、消除神经紧张等诸多作用。森林分泌的萜烯、酒精、有机酸、醚、醛、酮等，使空气含菌量大大减少。

“芬多精”接触人体皮肤、黏膜或被人体呼吸道黏膜吸收后，能刺激、促进人体免疫蛋白增加，从而增强人体的抵抗力，还能调节人们植物神经的平衡。芬多精可以治疗多种疾病，对咳嗽、哮喘、慢性气管炎、肺结核、神经官能症、心律不齐、冠心病、高血压、水肿、体癣、烫伤等都有一定疗效，尤其是对呼吸道疾病的效果十分显著。

（四）森林多样性景观对人体心身的康养

森林中的色彩（尤其是绿色）和多样性的景观，不仅给大地带来秀丽多姿的景色，而且它能通过人的各种感官，作用于人的中枢神经系统，调节和改善机体的机能。

试验结果表明，观赏森林景观或在森林环境中步行后，唾液皮质醇浓度、心率、血压均有所下降，并且下降幅度均大于城市环境。皮质醇是人体内分泌应激系统应对压力释放的激素，这说明森林环境通过影响内分泌应激系统的主要组成部分使人体放松和减压，并且比城市环境对人体的放松和减压作用更明显。

医学专家测试发现，人如果较长一段时间处于茂密的森林环境中，人体皮肤温度会降低 1 ～ 2℃，心脏搏动次数要明显减少 4 ～ 8 次，呼吸减慢且均匀。可以有以下作用：

放松心情，缓解压力。人与良好的森林环境接触，产生绿色效应，会让人感觉安静、优雅、舒适、心情舒解、压力减轻、全身放松。

适度运动，转移视线。森林活动是摄氧运动，按要求在林中漫步、沉思、发呆、登山观景，感受森林里特有的清新气息，接受芳香气体调节神经，减缓忧虑，改善睡眠。

呼吸清新空气，调适功能。在森林中散步促进血液循环，改善心脑功能，增强血液的抗病能力。

食品安全，增强身体调理。森林良品，天然、绿色、低碳、无污染，既能有效补充各类维生素，又能减轻代谢身体机能的负担。

通过进行森林康养可使身体和心脏得到调整与康复，同时，通过在森林里开展相关的康养活动可以可以增强对人们身心灵的健康促进，提升人体自愈力，从而更好的实现身心健康。所以说，森林康养针对亚健康人群、康复人群、抑郁焦虑人群、老年人群、健康人群都有着健康促进作用，是一个全社会全年龄段都可以参与的健康活动。

（五）良好的森林环境改善声环境、光环境、水热环境

森林具有良好的防噪声功能，声波碰到林带，其能量被吸收 20–30%，降低 20–25 分贝。树叶的阳光过滤作用，使红外线适度，光线柔和。森林调节空气流动，是林内气温高低、湿度大小的反映，适宜的温度和湿度可抑制病菌的滋生和传播。通过改善改善声环境、光环境、水热环境，营造良好且稳定的外部环境，人们在森林里可以提高生活质量、提升生命质量。

第四节　冰雪旅游

一、开展林草冰雪运动摸底调查

2021 年 11 月，国家林草局林场种苗司对林草冰雪运动开展情况进行摸底调查，根据各省林草主管部门报送的材料，全国共有 11 个省（自治区、直辖市）的 49 个生态旅游地开展了冰雪运动，年平均接待游客量 243.3 万人次，年平均收入 1.9 亿元，人均消费 79 元。

专　栏8

全国林草冰雪运动调查报告

一、调查对象和调查方法

此次调查采取全面调查的方式。调查对象为全国林草生态旅游地，包括各类自然保护地、林草专类园以及重点国有林区、国有林场等。调查内容主要包括开展冰雪运动的项目类型、年游客量、年收入、举办运动赛事情况等。

二、整体情况

全国共有天津、辽宁、黑龙江、江苏、山东、河南、湖北、重庆、贵州、陕西、宁夏等11个省（自治区、直辖市）的49个生态旅游地开展了冰雪运动。其中，各类自然保护地34处、国有林场7处、重点国有林区6处、林草专类园1处、其他1处。

2018—2020年，全国林草生态旅游地开展冰雪运动游客量达730万人次，总收入达5.8亿元。

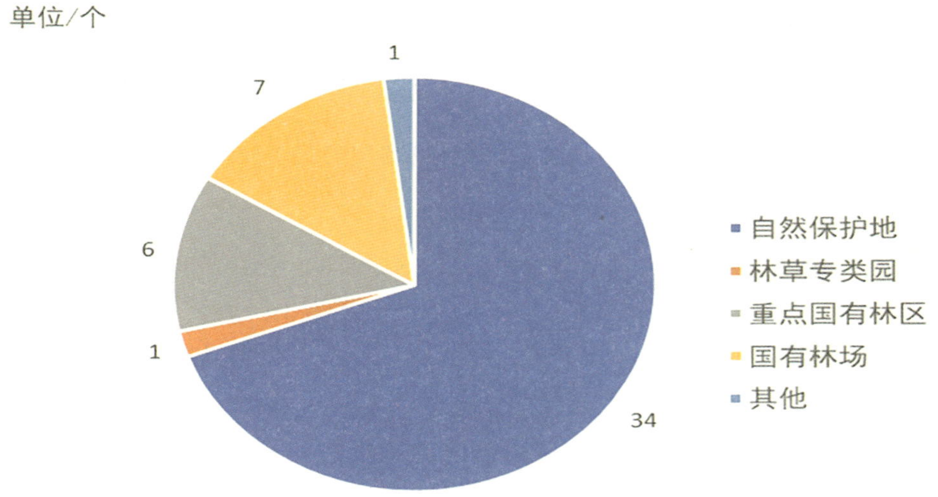

图1　各类生态旅游地开展冰雪运动数量图

三、区域分布情况

中部地区生态旅游地开展冰雪运动的数量最多，为16处，集中在湖北、河南两省。

其次为西部地区，共15处，集中在重庆、贵州、陕西、宁夏四省（自治区、直辖市）。

再次为东北地区，共13处，集中在辽宁、黑龙江两省。

最少为东部地区，共5处，集中在天津、江苏、山东三省（直辖市）。

……

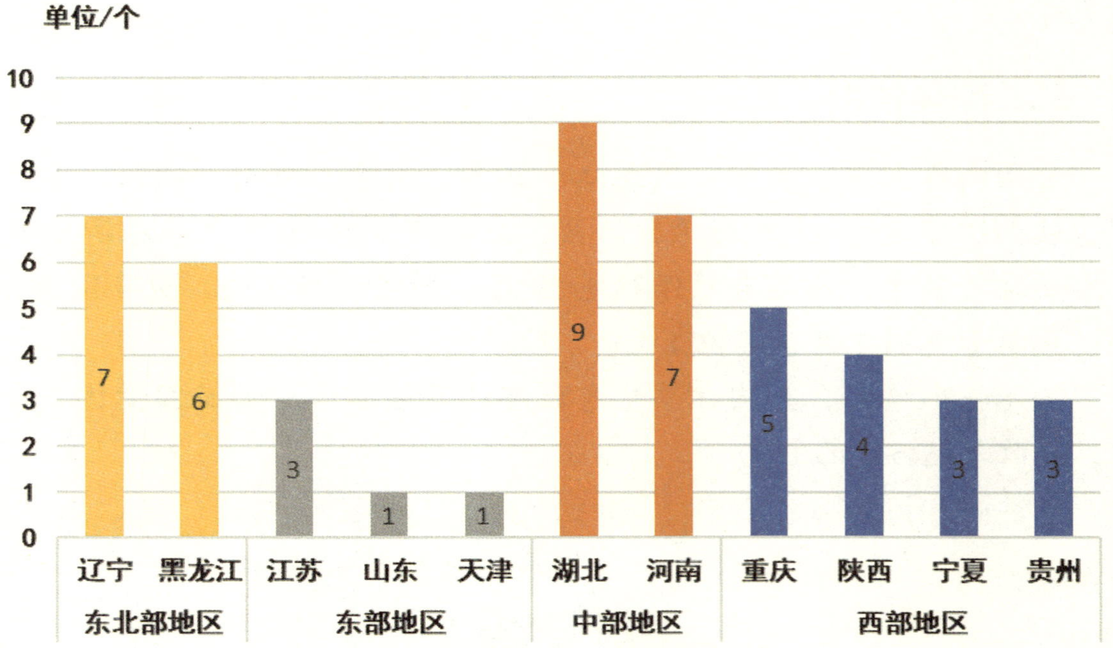

图2　区域分布情况

四、载体类型情况

（一）自然保护地

各类自然保护地是林草冰雪运动的主要载体，共34个，占总数量的70%。2018—2020年游客量为592万人次，占总游客量的81%。总收入为4.8亿元，占总收入的83%。

其中，森林公园开展冰雪运动数量最多，共14家，占自然保护地总数量的 41%。2018—2020 年游客量为 252 万人次，占自然保护地总游客量的 43%。总收入为 1.55 亿元，占自然保护地总收入的 32%。

其次为风景名胜区，共 12 家，占自然保护地总数量的 35%。2018—2020 年游客量为 181 万人次，占自然保护地总游客量的 31%。总收入为 1.6 亿元，占自然保护地总收入的 33%。

另外，还有 1 个原国家公园试点区：神农架国家公园（试点），包含 3 家冰雪运动单位以及 3 个湿地公园、2 个地质公园开展了冰雪运动。

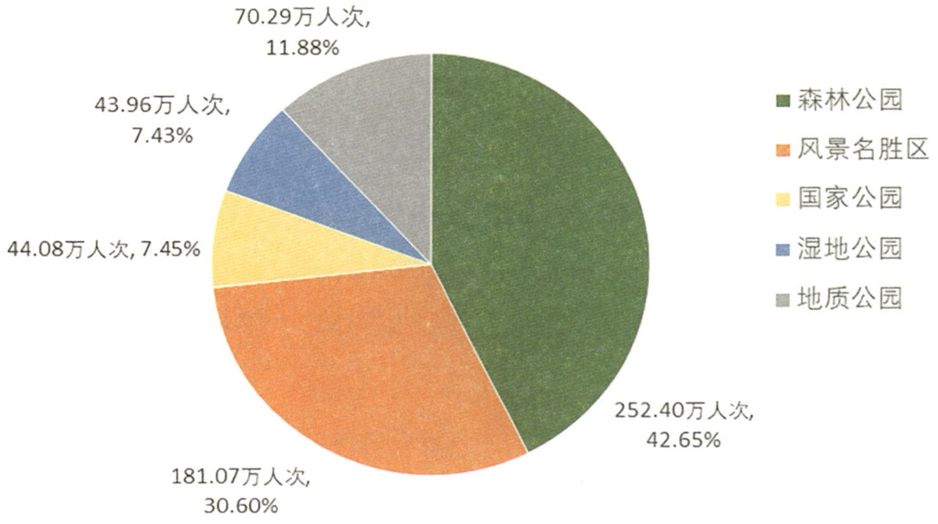

图 3　自然保护地冰雪运动前三年游客量分析图

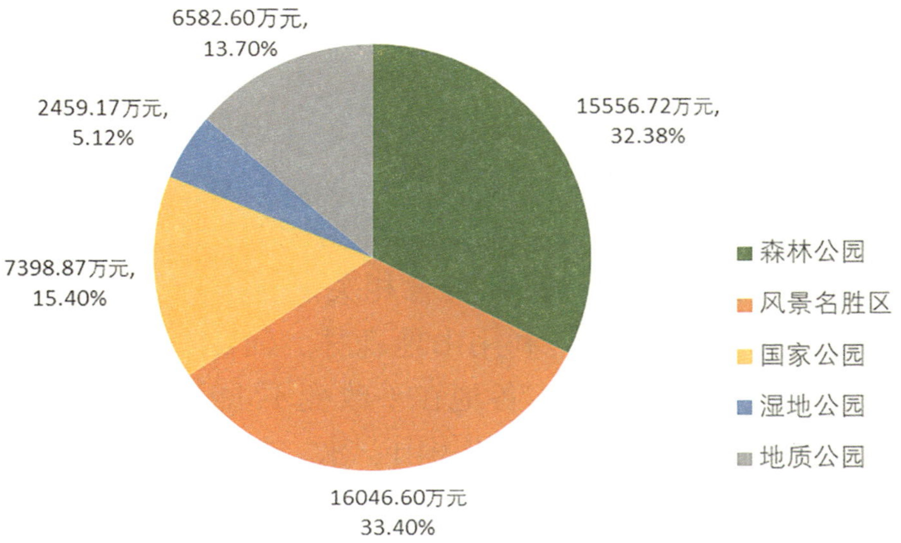

图 4　自然保护地冰雪运动前三年总收入分析图

（二）国有林场

7个国有林场开展冰雪运动，占总数量的14%。2018—2020年游客量为101万人次，占总游客量的14%。总收入为0.71亿元，占总收入的12%。

（三）重点国有林区

重点国有林区内冰雪运动发展不温不火，共6家单位开展了冰雪运动，占总数量的12%。但其三年游客量仅为22万人次，占总游客量的3%。总收入仅为0.17亿元，占总收入的3%。

（四）其他

共2家，主要为林草专类园。

五、冰雪运动类型

林草冰雪运动的类型主要包括室外冰雪运动项目和冰雪体验项目。68%的冰雪运动类型是室外滑雪，4%的冰雪运动类型为滑冰，其余28%为各类冰雪体验项目，包括滑雪圈、雪漂、雪地摩托、雪地观光、野雪穿越、冰雪研学等。

第五节　支持特色体育公园发展

2021年10月29日，国家发展改革委、体育总局、国家林草局等7部门联合印发《关于推进体育公园建设的指导意见》。《意见》指出，体育公园是以体育健身为重要元素，与自然生态融为一体，具备改善生态、美化环境、体育健身、运动休闲、娱乐休憩、防灾避险等多种功能的绿色公共空间，是绿地系统的有机组成部分。《意见》明确，在符合相关法律法规，不妨碍防洪、供水安全，不破坏生态的前提下，支持利用山地森林、河流峡谷、草地荒漠等地貌建设特色体育公园。《意见》提出，各地在不改变不占压土地、不改变地表形态、不破坏自然生态的前提下，要充分利用山、水、林、田、湖、草等自然资源建设体育公园。鼓励利用体育公园内的林业生产用地建设森林步道、登山步道等场地设施。支持在不妨碍防洪安全前提下利用河滩等地建设公共体育设施。

专栏9

关于推进体育公园建设的指导意见

发改社会〔2021〕1497号

各省、自治区、直辖市及计划单列市、新疆生产建设兵团发展改革委、体育行政部门、自然资源厅、水利厅、农业农村厅、林草局，北大荒农垦集团有限公司：

体育公园是以体育健身为重要元素，与自然生态融为一体，具备改善生态、美化环境、体育健身、运动休闲、娱乐休憩、防灾避险等多种功能的绿色公共空间，是绿地系统的有机组成部分。推进体育公园建设，对于满足人民群众日益增长的体育健身需求，改善人民生活品质，推进体育强国建设具有重要意义。为构建更高水平的全民健身公共服务体系，指导各地推进体育公园建设，现提出以下意见。

一、总体要求

（一）指导思想。

以习近平新时代中国特色社会主义思想为指导，全面贯彻党的十九大和十九届二中、三中、四中、五中全会精神，认真落实习近平总书记关于体育工作的重要论述，坚定不移贯彻新发展理念，坚持以人民为中心，深入实施全民健身国家战略，聚焦群众“健身去哪儿”的问题，扩大公益性、基础性全民健身服务供给，坚持系统观念，以绿色生态为引领，处理好公园风貌与健身设施之间的关系，推动健身设施同自然景观和谐相融，打造绿色便捷的全民健身新载体。

（二）基本原则。

科学规划，经济实用。根据发展水平、自然生态、人口规模、存量资源等因素进行合理均衡布局，与当地经济社会、人口资源环境相协调，符合相关法律法规及规划要求。合理确定建设规模，不搞标新立异，做到绿色环保、方便实用。

便民利民，公平可及。以公益性为导向，以建设群众身边的体育公园为重点，以近距离服务全龄人口为目标，因地制宜，统筹城乡，按照本地区群众运动习惯布局多元健身设施，提高智慧化水平，方便城乡居民就近就便参与体育锻炼。

生态优先，绿色发展。推动体育公园建设绿色低碳转型，把建设体育公园同促进生态文明建设结合起来，确保人们既能尽享体育运动的无穷魅力，又能尽览自然的生态之美，促进全民健身回归自然。

政府引导，多方参与。发挥中央预算内投资“指挥棒”和“药引子”作用，综合运用多种资金渠道，充分调动地方政府和社会力量积极性。探索灵活多样的体育公园运营管理体制机制，提高建设效率和运营活力。

（三）发展目标。

到 2025 年，全国新建或改扩建 1000 个左右体育公园，逐步形成覆盖面广、类型多样、特色鲜明、普惠性强的体育公园体系。体育公园成为全民健身的全新载体、绿地系统的有机部分、改善人民生活品质的有效途径、提升城市品位的重要标志。

二、推动体育公园绿色空间与健身设施有机融合

（四）坚持绿色生态底色。体育公园绿化用地占公园陆地面积的比例不得低于 65%，确保不逾越生态保护红线，不破坏自然生态系统，推进健身设施有机嵌入绿色生态环境，充分利用自然环境打造运动场景。体育公园要与生产生活空间有机融合，不设固定顶棚、看台，不得以建设体育场馆替代体育公园，不得以体育公园的名义建设特色小镇、变相开发房地产项目，避免体育公园场馆化、房地产化、过度商业化。不鼓励将体育综合体命名为体育公园。

（五）布局各类健身场地及配套设施。体育公园内既要有满足中老年人群需求的健身步道、健身广场，也要有满足青少年需求的足球、篮球、排球等常规球类场地设施和满足儿童需要的活动设施。有条件的地方可以设置临时性、装配式的冰雪、游泳设施。包含水域的体育公园可以因地制宜建设供皮划艇、赛艇等水上运动使用的小型船艇码头。鼓励配套建设智能化的淋浴、更衣、储物等服务设施，提高群众健身便利性。

三、加强体育公园科学规划布局

（六）按人口规模科学布局。体育公园建设要与常住人口总量、结构和发展趋势相衔接，优先考虑在距离居住人群较近、覆盖人口较多、健身设施供需矛盾突出的地区布局建设，增强公益性，提高可及性，方便群众就近就便参与体育锻炼。

（七）在新建城区优先布局。把体育公园作为新建城区健身设施的优先形态，新建城区、郊区新城要做好体育公园的空间布局，鼓励有条件的地方建设辐射面大、设施完善、功能健全的体育公园，形成示范带动作用。

（八）合理确定体育公园建设规模。各地要根据国土空间规划，按照节约集约用地的原则，统筹考虑体育公园与服务半径内其他健身设施之间的功能协调和面积配比，合理预留体育公园建设空间。按照区域中心城市、县城、中心镇（县域次区域）和一般镇四个等级，实事求是、因地制宜编制体育公园建设方案。鼓励各地参考如下标准推进体育公园建设（含新建、改扩建，下同）。

——鼓励常住人口 50 万以上的行政区域（含县级行政区域和乡镇，下同），建设不低于 10 万平方米的体育公园。其中，健身设施用地占比不低于 15%，绿化用地占比不低于 65%，健身步道不少于 2 公里，无相对固定服务半径，至少具有 10 块以上运动场地，可同时开展的体育项目不少于 5 项。

——鼓励常住人口 30 万—50 万的行政区域，建设不低于 6 万平方米的体育公园。其中，健身设施用地占比不低于 20%，绿化用地占比不低于 65%，健身步道不少于 1 公里，主要服务半径应在 5 公里以内，至少具有 8 块以上运动场地，可同时开展的体育项目不少于 4 项。

——鼓励常住人口 30 万以下的行政区域，建设不低于 4 万平方米的体育公园。其中，健身设施用地占比不低于 20%，绿化用地占比不低于 65%，主要服务半径应在 1 公里以内，至少具有 4 块以上运动场地，可同时开展的体育项目不少于 3 项。

（九）注重与新型城镇化相衔接。结合落实京津冀协同发展、长江经济带发展、粤港澳大湾区建设、长三角一体化发展、黄河流域生态保护和高质量发展等重大战略，以及推进成渝地区双城经济圈建设、海南全面深化改革开放，聚焦新型城镇化的重点区域，将体育公园作为城市绿地系统的组成部分予以统筹考虑，营建更多开敞空间，推进城镇留白增绿，推动体育公园拆墙透绿，打造人与自然和谐相处的城市发展新形态，使老百姓享有更多惬意生活休闲空间。

四、创新体育公园建设方式

（十）合理利用低效用地。在城中村、老旧城区等区域，在符合国土空间规划的前提下，充分引入市场化机制，合理盘活利用旧住宅区、旧厂区、城中村改造的土地，改扩建体育公园。

（十一）拓展现有公园功能。有条件的郊野公园、城市公园中，可适当提高公园内铺装面积比例，用于配建一定比例的健身设施。允许在园内建设铺设天然草皮的非标足球场，并计入园内绿化用地面积。围绕现有的湖泊、绿地、山坡等，因地制宜布局体育设施，不破坏公园原有风貌。

（十二）建设特色体育公园。在符合相关法律法规，不妨碍防洪、供水安全，不破坏生态的前提下，支持利用山地森林、河流峡谷、草地荒漠等地貌建设特色体育公园。在草原自然公园中可以融入与当地自然条件和民族文化相融合的体育元素。

五、优化体育公园运营模式

（十三）鼓励第三方企业化运营。对于政府投资新建的体育公园，鼓励委托第三方运营管理，向公众免费开放。各地可探索将现有的体育公园转交给第三方运营，提高运营管理效率。鼓励体育企业依法对体育公园中的足球、篮球、网球、排球、乒乓球、轮滑、冰雪等场地设施进行微利经营。

（十四）灵活采取多种运营模式。鼓励通过建设—运营—移交（BOT）、建设—拥有—运营—移交（BOOT）、设计—建设—融资—运营—移交（DBFOT）、建设—移交—运营（BTO）、转让—运营—移交（TOT）、改建—运营—移交（ROT）等多种模式，支持企业和社会组织参与。

（十五）提高运营管理水平。推广智慧管理，加强人流统计、安全管理、场地服务和开放管理等功能，做好人员信息登记和人流监测，逐步实现进出人员可追溯。各地要制定体育公园管理办法，加强健身设施的日常维护和安全管理，落实体育公园内已建成健身设施运行维护管理责任，完善标识系统，引导居民正确、安全、文明使用体育公园各类设施。

六、完善配套政策体系

（十六）保障土地供给。各地要依据国土空间规划将体育公园相关建设用地纳入年度用地计划，合理安排用地需求。对符合《划拨用地目录》的非营利性体育用地，可以采取划拨方式供地。对不符合划拨用地目录的，应当依法采取有偿方式供地。鼓励以长期租赁、先租后让的方式，供应体育公园建设用地。在符合相关规划的前提下，对使用荒山、荒地、荒滩及石漠化土地建设的体育公园，优先安排新增建设用地计划指标，出让底价可按不低于土地取得成本、土地前期开发成本和按规定应收取相关费用之和的原则确定。

（十七）推进复合利用。各地在不改变不占压土地、不改变地表形态、不破坏自然生态的前提下，要充分利用山、水、林、田、湖、草等自然资源建设体育公园。鼓励利用体育公园内的林业生产用地建设森林步道、登山步道等场地设施。支持在不妨碍防洪安全前提下利用河滩等地建设公共体育设施。因地制宜利用体育公园实现雨水调蓄功能，发挥削峰、错峰作用，做到一地多用。

（十八）优化审批建设程序。完善利用公共绿地、闲置空间、城市“金角银边”等场所建设健身设施的政策，优化建设临时性体育场地设施的审批许可手续。

（十九）拓展资金渠道。将体育公园建设纳入“十四五”时期全民健身设施补短板工程中统筹实施，安排中央预算内投资对符合条件的体育公园建设项目予以支持。体育彩票公益金支持体育公园购置健身设施设备。国家发展改革委、体育总局适时组织项目资金对接活动，中国农业发展银行对纳入各地建设规划并符合业务范围的体育公园建设项目，在贷款利率、贷款期限、贷款方式上予以优惠支持，开辟绿色办贷通道，优先安排调查审查审批，优先满足信贷规模，优先安排投放。各地要统筹运用财政资金、商业贷款、企业债券、产业投资基金、开发性金融等多种资金渠道，解决项目建设资金。各地要将体育公园内已建成的体育设施纳入市政公共设施养护管理，明确资金安排。

七、保障措施

（二十）加强部门协同。各地发展改革、体育部门要切实加强组织领导，将体育公园建设作为一项重要的民生工程提上议事日程。自然资源部门要将体育公园建设纳入城市绿地相关专项规划。自然资源、林草部门要加大土地保障力度，依法依规办理涉及体育公园建设的土地审批手续。体育部门要加强项目储备，制定体育公园配置要求国家标准，积极参与体育公园规划、设计和建设，进行全程监督和管理，将建设面积不低于 4 万平方米的体育公园纳入各地指导目标完成情况统计范围，按期调度进展情况。

（二十一）确定指导目标。国家发展改革委、体育总局等部门根据人口、县级行政区域数量、城镇化率、地理条件等因素，确定“十四五”时期各省（区、市）体育公园建设指导目标。各地要根据指导目标，合理确定本地区“十四五”时期的建设目标。

（二十二）加强督查落实。各地要根据本意见要求，结合实际情况，抓紧制定本地区体育公园建设方案。国家发展改革委、体育总局适时开展体育公园建设典型案例评选，对各地体育公园建设情况进行监督检查和跟踪分析，确保各项任务落到实处，见到实效。

附件：1. 重点任务分工

2.“十四五”体育公园建设指导目标

国家发展改革委

体育总局

自然资源部

水利部

农业农村部

国家林业和草原局

农业发展银行

2021 年 10 月 23 日

第四章 主题活动

第一节　第十届中国花卉博览会

2021 年 5 月 21 日—7 月 2 日，第十届中国花卉博览会在上海崇明东平国家森林公园举行。本届花博会秉承“生态、创新、廉洁、安全”办会理念，集中展示我国花卉产业发展成就，生动演绎花开盛世、多元文化和谐共融的美好画卷。本届花博会共吸引国内外 212 万余人次入园参观，2408 万人次在网上观展，展园规模、数量等均创历届之最。本届花博会有 189 个参展单位、180 个室外展园和 64 个室内展区，展示各类花艺展品 2 万多件，近 3000 个花卉品种登台亮相。

图 4-1　第十届中国花卉博览会宣传图

本届花博会是首次在岛屿、乡村、森林里举办的花博盛会，首次开放了“花博夜场”，同步举办了第八届中国花卉交易大会、第十一届中国生态文化高峰论坛等一系列重大活动，举办了900余场各类文化活动。这些活动生动展示了来自世界各地的特色花卉和设计大师的园艺作品，展示了我国花卉园艺领域的新品种、新技术、新成果，全方位呈现了崇明生态岛建设的最新成效和上海生态文明建设的美好图景。

图 4-2　第十届中国花卉博览会场馆

中国花卉博览会是由国家林草局、中国花卉协会和承办地省级人民政府共同主办，也是我国规模最大、档次最高、影响最广的花事盛会，每四年举办一届。中国花卉博览会已成为全国各省份全面展示各自花卉发展成果的重要窗口，对促进行业交流、扩大企业合作、引导花卉生产、普及花卉知识、引导花卉消费等起着积极推动作用。2021年6月18日，第十一届中国花卉博览会举办城市评定会议确定郑州获得第十一届中国花卉博览会举办权。

第二节　第十一届中国竹文化节

2021年10月19—21日，第十一届中国竹文化节在四川省宜宾市举办。本届竹文化节由国家林草局、四川省人民政府和国际竹藤组织主办，以“竹福美

丽中国 促进乡村振兴”为主题。中国竹文化节每两年举办一届，自 1997 年以来，已连续举办 10 届，已成为我国竹产业规模最大、规格最高、影响最广的品牌活动。

图 4–3　第十一届中国竹文化节宣传图

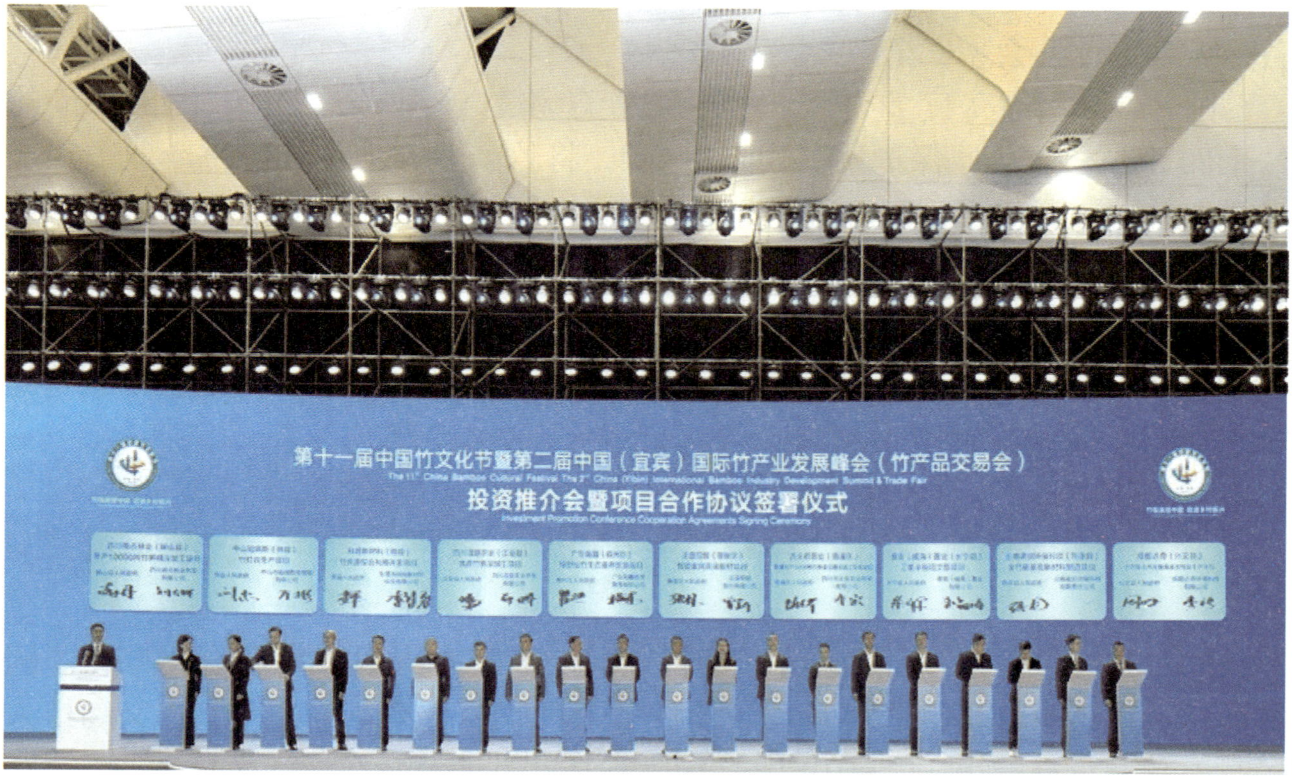

图 4–4　第十一届中国竹文化节现场

本届竹文化节活动内容突出五大特色：

一是深入贯彻落实习近平生态文明思想。通过竹文化节举办，提升竹产业的品牌效应，推动竹产业高质量发展，带动群众增收致富，践行“绿水青山就是金山银山”的重要理念。

二是各方共商促进我国竹产业高质量发展大计。本届竹文化节既有行业管理部门、重点产区、科研院校和企业代表，又邀请了国际专业人士，各方齐聚一堂，举行高峰论坛，共同为竹产业发展协商研讨、建言献策。

三是集中展示我国竹产业新设备、新工艺、新产品。128 家参与线上和现场展示的企业来自全国重点竹产区的 15 个省，涉及竹家具、板材、造纸、纤维、餐饮、活性炭等全产业链的 8 大类共 500 多种新优特产品；现场考察将宣传推介四川省竹林培育、竹加工机械设备、互联网贸易和物流等相关技术装备，展示我国竹产业的发展新成果。

四是传承弘扬我国竹文化。本届竹文化节组织策划了竹文化专题表演、竹书法展、竹摄影展、竹主题非遗展、民间竹艺大赛等系列活动，充分挖掘、展现我国博大精深的竹文化，并赋予新的时代气息和元素。

五是节俭务实、绿色低碳办会。本届竹文化节突出绿色、生态、低碳、循环理念，坚持节俭办会，力求实效，通过统筹推进疫情防控和文化节组织筹备，做到绿色办会、安全办会。

国家林草局高度重视竹子资源培育和竹产业发展，2021 年发布的《“十四五”林业草原保护发展规划纲要》，将竹产业列为优势特色产业重点项目予以扶持。成立了国际标准化组织竹藤技术委员会和全国竹藤标准化技术委员会，组织制订 150 多项竹藤类国家和行业标准。建成了一批竹类相关的国家林木种质资源库。扶持创建了一批竹子国家产业示范园区、示范基地和龙头企业。目前，我国现有竹林面积超过 1 亿亩，年产值近 3200 亿元，从业人员超过 1500 万人，出口额达 22 亿美元。

第三节　第 14 届中国义乌国际森林产品博览会

2021 年 11 月 1 ～ 4 日，由国家林草局、浙江省人民政府联合主办，中国林业产业联合会、浙江省林业局、浙江省人民政府台湾事务办公室、义乌市人民政府共同承办的第 14 届中国义乌国际森林产品博览会在浙江义乌举办。

图 4–5　第 14 届中国义乌国际森林产品博览会开幕式宣传图

本届森博会采取线上线下联合办展模式，集中展示林业新品种、新技术、新业态、新装备、新模式。线下展会汇聚了家具及配件、木结构木建材、木竹工艺品、木竹日用品、森林食品、茶产品、花卉园艺、林业科技与装备等八大行业 10 万余种商品。设立结对帮扶展区、“一带一路”主题展区、台湾农林精品展区、林草装备精品展区、林下道地药材精品展区、木（竹）雕展区、森林食品展区、花卉园艺精品展区、茶产品展区、木屋展区等十个特色展区，其中结对帮扶展区共设展位 99 个，结对帮扶展区共实现意向成交额 807 万元，对浙江省帮扶的四川省 68 个县及浙江畲乡参展企业予以减免展位费的优惠政策。本届展会累计实现成交额 18.5 亿元，到会客商 10.2 万人次，有来自也门、巴基斯坦、孟加拉国等国家的境外客商到会采购。

本届森博会设国际标准展位 3009 个，展览面积 7 万平方米，共有来自 23 个国家和地区的 1878 家企业参展。展会期间，成功举办了义乌市美丽乡村精品线招商专场推介会、2021 云南森林生态产品助力乡村振兴义乌专场推介会、第 14 届森博会跨国采购商贸易洽谈会、第 14 届森博会木 (竹) 雕艺术“中工杯”创新设计大赛、第 14 届森博会优质产品推荐等活动。

图 4-6　第 14 届中国义乌国际森林产品博览会开幕式

线上森博会“优质林产品展示交易中心”平台入驻企业 340 家，上线产品近 3652 个，线上流量 132 万人次。首次搭载 Chinagoods 平台，设立“优质林产品展示交易中心”，开通在线金融支付系统，并依据平台数据中心，带动商品信息和企业信息的配对交流，使信息更加对称；通过“云展示”“云对接”“云洽谈”“云交易”等功能，链接国内外参展商、采购商、专业服务商及普通观众，并以展会为核心，延伸物流、支付等服务结构，达成实质交易；将直播间搬进展区，利用“网红”及“网红经济”开展规模化、集中性地直播带货活动，推动林产品线上线下交易；充分运用大数据平台招商招展，集中邀请国内外采购企业和专业观众与会观展及商务洽谈，做到由“屏对屏”向“面对面”的深度转化，实现会展服务增值。

图 4-7　第 14 届中国义乌国际森林产品博览会现场

第四节　2021 江西森林旅游节

2021 年 7 月 25 日，由江西省林业局、江西省文化和旅游厅、江西省体育局、宜春市政府联合主办的 2021 江西森林旅游节在宜春市靖安县开幕。本届江西森林旅游节以“走进森林 山歌颂党”为主题，主会场设在靖安县，分会场设置在南昌湾里、铅山县葛仙村、庐山西海、萍乡湘东区、大余县。

图 4-8 2021 江西森林旅游节宣传图

图 4-9　2021 江西森林旅游节开幕式

本届江西森林旅游节主要包括开幕式、品牌活动、宣推活动和经贸活动等四大类 10 项活动。其中有 2 项品牌活动：一是中国森林歌会。中国森林歌会为全国性大型绿色生态公益活动，今年歌会的主题是“唱支山歌给党听”，通过线上云接力、线下晋级方式，举办中国森林歌会城市选拔赛，分会场晋级赛，最后在靖安主会场进行决赛。二是江西森林马拉松赛。分别在萍乡市湘东区、大余县等分会场举办，打造森林旅游 + 运动特色 IP，引导形成健康绿色的生活方式。

图 4-10　2021 江西森林旅游节活动：森林马拉松系列赛

与往届相比，2021 江西森林旅游节主要有三大亮点。一是红色文化与绿色发展相融合。二是旅游搭台与经济唱戏相辉映。三是全面宣传推广与精品线路展示相结合。

第五节 “中国生态旅游美景推广计划·走进江西宜春”活动

2021 年 6 月 20 日，由中国绿色时报社组织发起的“中国生态旅游美景推广计划·中央媒体走进江西宜春绿色生态采风行”活动在江西省宜春市启动。采访团由人民日报、新华社、人民政协报、光明日报、农民日报、中国绿色时报、中国自然资源报、第一财经日报、人民网、中国网等媒体记者组成。活动深入宜春市、铜鼓县、靖安县采访国家森林公园、国家湿地公园等，采访内容涉及森林健康养生、乡村旅游、生态旅游以及森林资源、湿地资源保护等。

第六节 全国三亿青少年进森林研学教育活动

2021 年 5 月 10 日，全国三亿青少年进森林研学教育活动研讨会江西站暨江西省首期研学教育导师培训开班仪式在江西南昌市举行。

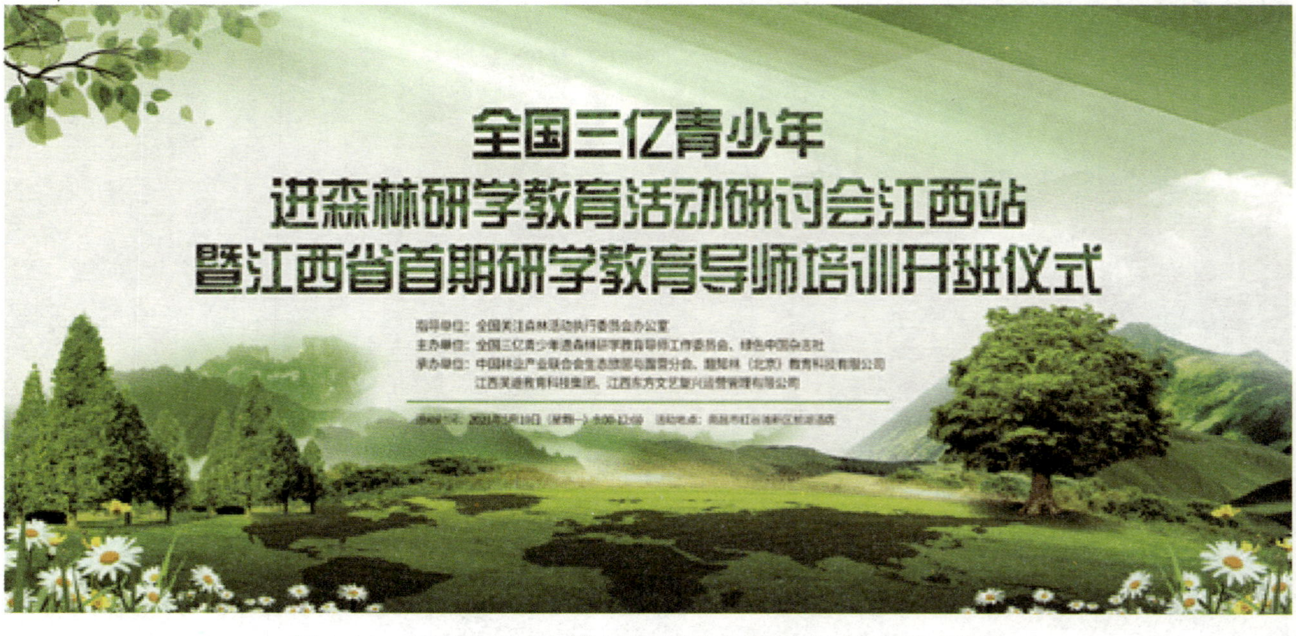

图 4-11 全国三亿青少年进森林研学教育活动研讨会江西站宣传图

“全国三亿青少年进森林研学教育活动”是由全国关注森林活动组委会发

起的，旨在引导广大青少年走进森林、草原、湿地、荒漠等自然生态系统，在国家公园、自然保护区、风景名胜区、森林公园、湿地公园、沙漠公园、自然遗产地、海洋公园、地质公园等各类自然保护地中，以弘扬生态价值观为主题，开展自然教育和研学活动。

图 4–12　全国三亿青少年进森林研学教育活动四川省启动仪式

全国关注森林活动执委会于 2021 年 4 月印发了《关于印发全国三亿青少年进森林研学教育活动自然教育导师培训大纲的通知》。随后在北京、湖北、黑龙江等省份组织实施了一系列的研讨会、座谈会、培训班等活动。

第七节　第三届广东省森林文化周

2021 年 11 月 20 ～ 28 日，由广东省关注森林活动组委会、广东省林业局、广东省政协人口资源环境委员会共同主办的第三届广东省森林文化周在广州花都区梯面镇举行。本届森林文化周以“走进大美森林、推动绿色发展”为主题，聚焦乡村振兴和绿色发展，统筹推进乡村产业振兴、文化振兴、生态振兴，将更多优质生态产品、更优美的生态环境、更多更好的森林文化成果奉献给广大人民群众，让社会大众持续共享生态福祉。广东省 21 地市 100 多个场地以“走进多彩森林，推动绿色发展”为主题，陆续举办了 315 场森林汇演、主题展览、徒步健步、自然教育等丰富多彩的森林文化活动。全省约 56.8 万人线上线下参与。

图 4–13　第三届广东省森林文化周开幕

本届森林文化周主会场活动设置林下经济展销会及自然教育展示展位，展出油茶、化橘红、沉香等丰富多彩的林下产品及各种动植物标本，集中展示古树名木摄影及自然观察大赛作品，并同步启动“发现身边的朋友”物种识别大赛。主办方联合广东省内各地近 95 个自然保护地共同为市民群众打造一场共建共享的文化盛会，不断加强森林文化品牌建设，彰显森林文化及绿色广东魅力。森林文化周期间还举办了首届南岭观鸟节、广东天井山森林漫步节、惠州植物园定向越野赛等近 80 余场体验活动。

本届森林文化周，森林徒步形成最热门活动之一，11 个地市组织民众走进森林公园、湿地公园、自然保护区，体验人与自然和谐相处。

自然教育活动广受青少年欢迎，各地学校社团、自然教育机构、保护区结合自身特色举办超过 86 场自然教育活动，包括自然研学、观鸟活动、动植物展示、夜观活动、森林讲堂、植物种植课堂等，引导青少年在玩乐中亲近大自然，了解更多自然知识。

图 4–14　第三届广东省森林文化周活动

第五章 标准与培训

第一节　国家林业和草原局生态旅游标准化技术委员会成立大会和第一届委员会工作会议

2021 年 5 月 24 日，国家林业和草原局生态旅游标准化技术委员会在京召开成立大会和第一届委员会工作会议。

图 5–1　国家林草局生态旅游标准化技术委员会成立大会

成立大会上，国家林草局科技司司长郝育军宣读了标委会成立公告，国家林草局副局长彭有冬为标委会主任委员颁发了证书、标委会印章。生态旅游标委会编号为 NFGA/TC3，主要负责生态旅游领域标准制修订工作。

随后，第一届委员会工作会议举办。会议介绍了标委会前期筹建工作，并向各位委员颁发了委员证书。经过宣读、讨论、审议程序，标委会表决通过了《生态旅游行业标准化技术委员会章程》《生态旅游标准体系》《生态旅游行业标准化技术委员会工作计划》，同时表决通过了《国家森林步道规划规范》《自然教育导则》2 项行业标准。

标委会由 41 名委员组成。国家林草局林场种苗司负责业务指导，秘书处设在国家林草局调查规划设计院。标委会委员来自清华大学、北京大学、同济大学、中山大学、北京师范大学、北京林业大学、中央财经大学、中央民族大学、北京第二外国语学院等 17 家高等院校，以及部分科研机构、规划设计单位、企业和社团。

第二节　印发生态旅游标准体系

2022 年 1 月 4 日，国家林草局科技司、林场种苗司下发《关于印发生态旅游领域标准体系和相关工作安排的通知》。《通知》明确，生态旅游领域标准体系包括基础通用、规划管理、质量评定、旅游产品等 4 个大类，并就生态旅游领域标准体系建设工作作出安排。

专栏 10

国家林业和草原局科技司 林场种苗司关于印发生态旅游领域标准体系和相关工作安排的通知

科标字【2022】1 号

各有关单位，生态旅游标准化技术委员会：

为贯彻《中华人民共和国标准化法》，加快推进林草生态旅游领域标准化工作，科技司、林场种苗司组织编制了《生态旅游领域标准化体系》（附件 1），现印发给你们，请认真组织实施。各标准牵头起草单位要严格按照《生态旅游领域标准体系建设工作安排情况表》（附件 2）完成相关工作。

特此通知。

附件：1. 生态旅游领域标准体系
　　　2. 生态旅游领域标准体系建设工作安排情况表

国家林业和草原局科技司
国家林业和草原局林场种苗司
2022 年 1 月 4 日

附件 1

生态旅游领域标准体系

为认真落实习近平总书记关于标准化工作重要指示精神，深入贯彻《中华人民共和国标准化法》和《国家标准化发展纲要》《关于建立健全生态产品价值实现机制的意见》相关要求，以科学一流标准引领林草生态旅游事业高质量发展和现代化建设，特制定《生态旅游领域标准体系》（见附表），包括基础通用、规划 管理、质量评定、旅游产品等 4 个大类，在标准的制定及实施过程中，要与时俱进，根据形势发展和履职需要，不断调整、充实和完善。具体内容如下：

一、基础通用类

指林草生态旅游涉及的通用名词术语。

二、规划管理类

主要规定林草生态旅游规划设计、管理服务的相关要求，包括国家级森林公园总体规划规范、生态旅游管理服务指南等。

三、质量评定类

主要规定林草生态旅游资源和服务的分类、调查、评价评估等，包括中国森林公园风景资源质量等级评定、林草生态旅游质量评定等。

四、旅游产品类

主要规定生态旅游产品打造、设施和基地建设的要求，包括国家森林步道、林草生态旅游设施建设指南、林草生态旅游基地建设指南等。

附表　　生态旅游领域标准体系

标准类别	标准编号	标准名称
基础通用	1	林草生态旅游名词术语
规划管理	2	国家级森林公园总体规划规范
	3	生态旅游管理服务指南
质量评定	4	中国森林公园风景资源质量等级评定
	5	林草生态旅游质量评定
旅游产品	6	国家森林步道
	7	林草生态旅游设施建设指南
	8	林草生态旅游基地建设指南

第三节　标准制修订

一、自然保护地生态旅游规范（LY/T 3292—2021）

2021 年 10 月 27 日，国家林业和草原局发布《自然保护地生态旅游规范》（LY/T 3292—2021），规定了自然保护地生态旅游的基本要求、范围与分区、游憩活动、设施建设和管理等内容。该标准适用于国家公园、自然保护区、自然公园等自然保护地的生态旅游规划设计、实施建设和监督管理，从 2022 年 5 月 1 日起实施。

二、国家森林步道总体规划规范、自然教育导则通过专家评审

2021 年 5 月 24 日，国家林业和草原局生态旅游标准化技术委员会第一届

委员会工作会议通过了《国家森林步道总体规划规范》《自然教育导则》等 2 项行业标准。

《国家森林步道总体规划规范》的编制目的是有效保护并合理利用步道沿途自然、景观和文化遗产，满足民众野外徒步、露营等户外活动需求，发挥国家森林步道的深度生态体验和生态养生价值，助力乡村发展。该标准规定了国家森林步道总体规划的步道选线、步道走向与分区、专项规划、分期建设、投资估算、效益评估和规划成果。适用于全国范围内单条国家森林步道的总体规划。

《自然教育导则》提出了遵循知识性、趣味性、启发性、体验性、生态性、公益性的原则。明确了调查资源——分析对象——设立目标——总结主题——布局设施和人员——实施过程——检测评估七个步骤及相关要求。适用于各类自然保护地、国有林场、重点国有林区、集体林区以及森林、草原、湿地、荒漠、海洋等区域的自然教育工作。

三、中国林业产业联合会发布《森林康养小镇标准》《森林康养人家标准》两项团体标准

2021 年 7 月 10 日，中国林业产业联合会标准化技术委员会发布了《森林康养小镇标准》（标准编号 T/LYCY1025—2021）、《森林康养人家标准》（标准号 T/LYCY1026—2021）两项团体标准。

第四节 培 训

一、冰雪旅游系列网络课程

2021 年 12 月，国家林草局林场种苗司和国家林草局管理干部学院联合制作上线了冰雪旅游系列课程。该系列共有 8 门精品课程，包括冰雪旅游政策形势及发展现状、冰雪旅游项目策划及营销、冰雪产业特点及运营管理、冰雪旅游发展实践案例四个主题。具体课程有“冬奥会的影响力与冬季体育”“冰雪旅游项目策划与景观设计”“冰雪旅游发展形势”“滑雪产业发展的趋势、特点及运营管理”“黑龙江冰雪旅游产业的发展”“森林冰雪旅游景区的营销”“崇礼滑雪大区国际化之路”“阿勒泰滑雪旅游发展实践”等。

二、生态旅游游客量报送专题培训

2021 年 12 月 15 ～ 31 日，国家林草局林场种苗司委托局管理干部学院，在“林草网络学堂”开设生态旅游游客量网络专题班，全国各级森林公园、湿地公园、自然保护区、风景名胜区等单位相关工作人员共计 623 人报名参加学习。

培训课程包含四项内容：一是国家林草局调查规划设计院专家讲解全国林草生态旅游游客量数据报送要求；二是生态旅游游客量信息系统技术人员讲解系统使用方法；三是相关单位介绍以森林网为主的林草网群专栏，加强网络宣传；四是湖南省林业局和长沙市岳麓山风景名胜区管理局相关同志分享数据填报工作经验。

为保证学习效果，专题班还设置考核环节，学员完成全部课程的学习后，由系统自动生成试卷，经考试合格后，发放电子证书。

三、自然教育师培训

2021 年 4 月，中国林学会举办了自然教育师培训。该培训采取线上和线下两种形式。线上课程以自然教育基础理论和基础知识为主，包括植物、动物、昆虫、鸟、生物、古生物、生态、心理、自然教育概论等几个方面。线下课程以自然教育实操和技能技法为主，主要包括自然教育实践概论、自然教育课程设计与技能技法、自然教育专业门类体验技法、自然教育风险管理、自然教育户外安全、成果展示等几个部分。线上培训面向全社会，通过中国林学会“自然教育师培训”平台免费开放，线下培训由中国林学会认定的具备资格的培训机构独立组织实施，由中国林学会指导。

第六章 媒体报道

第一节 纸质媒体

包括《人民日报》《人民日报海外版》《光明日报》《经济日报》《经济参考报》《中国绿色时报》《中国旅游报》，以及各省（自治区、直辖市）主要报纸等。

表 6-1 2021 年纸质媒体宣传列表（节选）

标　题	宣传媒体	宣传日期
福建森林康养业态初步形成	中国绿色时报	1 月 6 日
“十三五”时期我国森林旅游游客总量达七十五亿人次	光明日报	1 月 19 日
“十三五”时期全国森林旅游发展十件大事	中国绿色时报	1 月 19 日
森林旅游迎来发展的春天	中国绿色时报	1 月 25 日
生态旅游 风正帆扬	中国绿色时报	2 月 1 日
呼伦贝尔冬季草原上的“天天那达慕”	中国绿色时报	2 月 3 日
北京浙江森林疗养案例编入健康城市蓝皮书	中国绿色时报	2 月 10 日
冰雪旅游成冬季休闲热门选择	中国绿色时报	2 月 10 日
福建森林康养激发生态旅游新活力	中国绿色时报	3 月 4 日
内蒙古大兴安岭推介林区旅游	中国绿色时报	4 月 19 日
吉林龙湾野生杜鹃 花卉旅游节举办	中国绿色时报	5 月 10 日
昔日采煤塌陷地 今朝生态旅游区	淮南日报	5 月 13 日
安徽池州打造森林旅游新标杆	中国绿色时报	5 月 20 日
把握绿色转型新机遇 探索生态旅游新模式	中国旅游报	6 月 2 日
推进生态保护 发展生态旅游	人民日报	6 月 14 日
中国生态旅游美景推广计划走进江西宜春	中国绿色时报	6 月 21 日
浮梁生态旅游助农致富增收	江西日报	6 月 28 日

续表

标　　题	宣传媒体	宣传日期
公路 + 生态旅游”省道 103“变脸”	济南日报	7 月 1 日
以生态体育扩大生态旅游“朋友圈”	青海日报	7 月 27 日
生态旅游：“游”出人与自然的双赢	光明日报	8 月 14 日
桓仁县向阳乡回龙山村蹚出一条“特色产业 + 生态旅游”的路子	辽宁日报	8 月 16 日
温州泰顺用三张“金名片”做好生态旅游文章 远方的客人这样留下来	浙江日报	8 月 19 日
高山生态旅游 助力乡村振兴	重庆日报	8 月 26 日
荒山变“金山”小山村靠生态旅游促进乡村振兴	齐鲁晚报	10 月 9 日
7 天 60.85 亿元 国庆假期湖南生态旅游火热	湖南日报	10 月 9 日
陕西公布 6 条生态旅游特色线路	西安日报	10 月 26 日
生态旅游越来越红火	人民日报海外版	10 月 27 日
广西昭平生态旅游跑出“加速度”	经济参考报	11 月 2 日
发展冰雪旅游还需深耕细作	人民日报海外版	11 月 12 日
串起一条生态旅游珍珠链	经济日报	11 月 28 日
乘冬奥东风，冰雪产业如何扬帆	光明日报	12 月 19 日
捧起生态金饭碗 吃上冰雪旅游饭	人民日报	12 月 21 日
妙趣横生 雄浑壮阔——长白山冰雪旅游见闻	吉林日报	12 月 22 日
神农架点雪成金	人民日报海外版	12 月 27 日
广西：林业生态旅游和森林康养年消费超 1300 亿元	广西日报	12 月 27 日
滑雪热带动冰雪产业新发展	中国消费者报	12 月 30 日
青海省冰雪旅游持续升温 实现旅游收入 3024.39 万元	青海日报	12 月 31 日

表 6–2　2021 年纸质媒体国家森林步道相关宣传列表（节选）

标　　题	宣传媒体	宣传日期
江苏 16 条森林步道，每一条都值得打卡！	扬子晚报	4 月 29 日
森林步道让人与自然更亲近	中国绿色时报	6 月 9 日
江苏公布首批 16 条森林步道名单	中国绿色时报	6 月 9 日
国家森林步道，让自然体验更美好	中国绿色时报	11 月 11 日
共青森林公园首条健身步道向游客开放	新民晚报	12 月 30 日

表 6-3 2021 年纸质媒体自然教育相关宣传列表（节选）

标　　题	宣传媒体	宣传日期
浙江省新增 21 个自然教育基地	中国绿色时报	1 月 15 日
广东建设全国自然教育示范省	中国绿色时报	2 月 5 日
《祁连山下我的家》自然教育课走进学校	青海日报	4 月 10 日
全国首批国家青少年自然教育绿色营地公布	中国绿色时报	6 月 11 日
福建将建 100 个以上自然教育基地	福建日报	6 月 11 日
广东建成 18 条特色自然教育径	羊城晚报	6 月 19 日
陕西再添俩国家青少年自然教育绿色营地	陕西日报	7 月 12 日
在地自然教育中心科普基地”揭牌	昆明日报	8 月 18 日
自然教育 给“三乡工程”多一些新鲜感	青海日报	9 月 1 日
广东新增 30 个自然教育基地	南方日报	9 月 2 日
9 家单位被确定为河北省首批自然教育基地	河北日报	10 月 31 日
国庆假期 自然教育热度攀升 成为消费市场新宠	四川日报	10 月 6 日
丹霞山囊括广东自然教育三大奖项	广州日报	11 月 2 日

第二节　网络媒体

包括人民网、新华网、央广网、中国网、光明网等在内的多家网站。

表 6-4 2021 年网络媒体宣传列表（节选）

标　　题	宣传媒体	宣传日期
“十三五”全国森林旅游发展十件大事	新华网	1 月 19 日
打造全国有影响的生态旅游标杆 东台黄海森林亮相上海	央广网	4 月 10 日
我国森林旅游助力脱贫攻坚成效显著	新华网	4 月 20 日
墨玉县：打造生态旅游品牌 做活青山绿水文章	央广网	5 月 18 日
广西南宁：上林生态旅游养生节开幕 29 项活动迎接游客	央广网	5 月 19 日
崂山王哥庄：开启生态旅游新篇章	光明网	6 月 2 日
2021 四川花卉（果类）生态旅游节暨黄龙第五届高山兰花节开幕	四川新闻网	6 月 16 日
探索“森林旅游 + 产业”融合 赋能江西宜春绿色生态新发展	光明网	6 月 25 日
践行绿色发展理念 江西探索森林旅游富民路	人民网	7 月 9 日
云上文旅学院探讨生物多样性保护与生态旅游发展	云南网	8 月 25 日

续表

标　　题	宣传媒体	宣传日期
吉林松原：保护生态和发展生态旅游“双丰收”	央广网	9月24日
绿水青山就是金山银山 四川甘孜州大力发展生态旅游	人民网	9月25日
通榆：着力打造生态旅游核心品牌	央广网	9月28日
长白山：绿色做底色 打造生态旅游的耀眼名片	人民网	10月22日
生态旅游越来越红火	海外网	10月27日
浙江仙居：依托绿水青山 发展生态旅游	新华网	11月23日
青海：计划到2025年形成30条生态旅游风景道	中国网	11月27日
哈尔滨今冬冰雪旅游季启幕	新华网	11月27日
北京推出22条冰雪旅游线路	北京头条客户端	11月27日
供给侧发力：高质量打造国际生态旅游目的地	人民网	12月3日
吉林“长白山之冬”冰雪旅游季掀起冰雪运动热潮	中国新闻网	12月20日
北京燃起冰雪运动热潮“冷资源”变成“热经济”	中国新闻网	12月27日
“喜迎冬奥 冰雪长白 激情之约”安图启动冰雪旅游嘉年华活动	新华网	12月29日

表 6-5　2021 网络媒体国家森林步道相关宣传列表（节选）

标　　题	宣传媒体	宣传日期
湖南森林步道：青鞋踏遍武陵山	人民网	3月13日

表 6-6　2021 网络媒体自然教育相关宣传列表（节选）

标　　题	宣传媒体	宣传日期
四川省首届自然教育周启动	新华网	3月10日
自然教育课堂走进哈巴湖保护区	新华网	7月15日
大熊猫国家公园里的自然教育：把课堂搬进森林	新华网	8月30日
郑州绿博园围绕黄河生态文化打造国家级自然教育研学营地	大河网	10月12日
粤港澳自然教育嘉年华闭幕 近58万人参与线上线下打卡	央广网	10月31日
粤港澳自然教育嘉年华落幕 民众共享生态文明成果	中国新闻网	10月31日
黑龙江省评定首批省级青少年自然教育绿色营地37家	央广网	12月31日

第七章 各省（自治区、直辖市）林草生态旅游工作亮点

一、北京市

（1）推进森林文化建设。运用“线上 + 线下”相结合的方式，举办系列网上“云游”活动，包括第九届北京森林文化节以及 200 余场森林文化活动。其中，西山国家森林公园举办了盛大的森林音乐会，西山无名英雄纪念广场服务保障建党百年相关活动，接待中央及市级单位 700 余个 6 万余人次。

（2）推进森林步道建设。完成了《太行山国家森林步道（北京段）总体规划》编制，并将其纳入西山永定河文化带和长城文化带建设规划内容。开展了北京森林步道形象标识 LOGO 征集、审定和发布，编制了《北京森林步道标识标牌设计规范》。建成了首条示范森林步道，长 21 公里，串起了京西古道及古村古桥，拉开了北京森林步道建设序幕，为广大市民增加了新的休闲空间。

二、河北省

（1）加强组织领导，科学统领生态旅游发展。成立了生态旅游工作领导小组，全面推进生态旅游产业高质量发展。稳步推进城郊森林公园建设。印发了《河北省城郊森林公园发展规划（2018—2025 年）》，规划建设城郊森林公园 171 处，总面积 8 万亩。制定了《关于调整优化全省杨树品种和绿化树种结构的指导意见》，提高森林的休闲、观赏和旅游康养价值。举办了“塞罕坝杯”森林旅游摄影大奖赛，通过

向社会各界征集全省森林公园、湿地公园、森林旅游区、自然保护区、国有林场等领域的自然风光、森林生态文化等方面的优秀摄影作品和河北生态旅游形象标识和主体口号，带动全民加大对生态旅游的关注。

（2）打造样板，推动生态旅游建设。组织开展全省生态旅游典型案例征集工作，为全省的生态旅游树立典范。开展太行山和燕山两条国家森林步道的调研摸底和线路勘察，助推国家森林步道的规划发展。塞罕坝国家森林公园打造森林体验国家重点建设基地，仙台山国家森林公园、六里坪国家森林公园打造森林养生国家重点基地。

（3）加强监管，规范生态旅游管理。坚持安全第一，保护优先，合理划分生态保护区与旅游观光区。制定了《河北省森林旅游隐患专项排查整治方案》《河北省国有林场和森林旅游安全生产应急预案》。印发了《关于加强全省森林旅游地玻璃栈桥类等高风险旅游项目安全管理的通知》《关于推进生态旅游园区有序开放的通知》《河北省旅游景区森林草原防火工作办法(试行)》等。

三、山西省

（1）修改《山西省森林公园条例》《山西省森林公园管理办法》，持续增强对森林公园依法保护力度。

（2）积极推进生态旅游景区保护利用设施建设，力补发展短板。9个项目顺利进入省财政补助项目储备库。太行洪谷国家森林公园被推荐为2021年度项目实施单位。突出黄河流域生态保护和文化传承及高质量发展，适应国家重点推进的太行山旅游发展需要，支持“三大板块”区域项目建设及环京、津、冀旅游基础服务设施短板建设。落实省财政森林公园补助项目14个，资金554万元。

（3）加强林草与旅游创新融合。一是树立品牌意识，做好33个“两地一区”（森林养生基地、森林体验基地和慢生活休闲区）品牌申报创建和督查指导。组织对10处森林公园和10处“两地一区”开展实地调研。打造“康养山西、夏养山西”森林康养品牌。推进森林康养宣传及产学研融合。

四、内蒙古自治区

（1）加强规划管理，规范生态旅游发展。组织开展6处国家森林公园总体规划编制，通过组织专家评审，听取建设单位和规划编制单位的汇报，审阅规划文本和图件，完成敖伦、神山、海拉尔等3处国家森林公园总体规划评审工作并按规定上报。

（2）以加强基地建设为抓手，促进生态旅游发展。鼓励各地兴建城郊型森林公园，创建国家森林体验基地、国家森林养生基地，推动生态旅游目的地打造高质量的森林养生产品，鼓励积极创建国家森林特色旅游小镇（试点）。

（3）做好生态旅游宣传推介工作。举办了形式多样的特色节庆活动，丰富旅客旅游体验。通过网络媒体推介了一批精品生态旅游线路和特色生态旅游项目。

五、辽宁省

（1）统筹生态旅游布局和发展。结合“一圈一带两区”发展规划，引导森林公园培育一批功能显著、设施齐备、特色突出、服务优良的森林康养基地和森林小镇；创新经营理念，建设森林营地，推动生态文化与研学教育、运动休闲、营地体验深度融合，完善自然教育场馆、野外生态营地等体验服务设施；建设森林步道，同步国家森林步道修建规划，加强森林步道的景观、教育、服务、保障及外围系统建设；推进森林旅游智慧化建设。

（2）挖掘生态旅游产品，助力生态旅游品牌建设。一是利用“全国森林旅游示范市县”“森林体验基地”“森林养生基地”以及发展比较成熟的森林公园，通过打造精品景区、创新融入本地特色文化、统筹整合当地旅游资源、深度开发生态旅游产品、丰富旅游活动、提升配套服务水平等一系列措施，逐步形成了“春看花、夏避暑、秋赏叶、冬玩雪”的四季模式，大大提高了生态旅游质量和游客体验度。二是采取外地参展、拍摄宣传片、联合外界举办赛事等方式，线上线下推介旅游产品，大幅提升生态旅游形象和知名度。三是鼓励农户利用具备一定景观条件的个人经营管理的森林资源，打造一批“森林基地”“森林村庄”“森林人家”等接待服务设施，让游客体验“住森林人家、吃绿色食品、呼吸清洁空气、欣赏森林美景、品读自然山水”的人与自然深度融合的森林旅游新形式。四是鼓励农户开发富有地方特色的森林食品、果品、茶叶、药材等商品和富有文化创意的生态旅游纪念品，充分发挥生态旅游在脱贫攻坚战中的作用，增加农民收入，拓宽致富门路。

（3）做好生态旅游游客量数据采集工作。明确具体责任人和工作流程，并将游客量采集作为生态旅游的主要工作持续开展。

（4）配合做好国家森林步道选线工作。组织有关市县填报《国家森林步道选线基本信息表》，真实反映出步道沿途的自然地标、国家自然保护地、历史名人、典故和著名历史文化等，为新一批国家森林步道选线提供依据。

六、吉林省

把自然教育活动作为促进生态旅游发展的重要抓手，积极鼓励引导各森林公园开展自然教育研学活动。申请省级财政专项资金编制全省自然保护地研学宣教发展规划，加强自然教育研学活动顶层设计，统筹谋划发展方向和目标任务，避免盲目无序发展，规划选定朱雀山、红石等10个森林公园开展研学宣教基地示范创建，为自然保护地自然教育研学活动提供样板。继续与省教育厅等11个厅局联合开展全省普通高中学生综合素质评价社会实践基地申报遴选活动，朱雀山、红石、长白山北坡等7个国家级森林公园进入公布的首批普通高中学生综合素质评价省级社会实践基地名单，吊水壶等6个森林公园进入第二批遴选名单。朱雀山、红石、吊水壶、一马树等13个森林公园被吉林省关注森林组委会授予“青少年自然教育绿色营地”称号。

七、黑龙江省

（1）着力打造精品旅游路线。“富锦国家湿地公园——街津山国家森林公园——三江湿地”及“大亮子河——富锦湿地公园——街津口景区——黑瞎子岛”两条旅游线路被列入全省重点旅游线路推介。

（2）狠抓基础，重点攻坚，以硬指标提升景区软实力。黑河市投入资金531.4万元，用于基础设施、生态环境等方面建设。胜山要塞国家森林公园申请了森林康养基地项目。嫩江高峰森林公园投资384万元进行新建或维修项目。科洛火山森林公园投入43.1万元，建设森林公园大门1座、修建2800平方米停车场1个。双鸭山市重点打造七星山国家森林公园森林体验项目。七星山国家森林公园作为黑龙江省唯一入选的森林体验项目基地，同时被列入黑龙江省“百大项目”。

（3）带动区域发展。桦川县就业政策向森林公园周边贫困户倾斜，优化周边贫困户、合作社、培训机构之间的连接机制，让有就业意愿和培训需求的贫困户都能获得免费技能培训。引导村民从事生态旅游相关行业，引导有技术、有特长的人员，利用自身优势，通过生态旅游项目增收。成立合作社，采取“下单式”种植。

（4）提高生态旅游社会知名度。哈尔滨市将生态旅游加入互联网＋林业搜索引擎板块，公众可以通过政府网直接查询生态旅游相关信息，让生态旅游更大范围走进公众视野。在中央大街举办了“绿水青山、金山银山”旅游宣传活动，并成功举办了“先圣节”“红叶节”“杜鹃节”“莲花节”“登山节”等大型系列传播森林生态文化游园活动。

八、上海市

（1）开展了一系列生态旅游主题活动。一是圆满完成各类花展；二是创新开展主题活动；三是开展节庆活动。

（2）完善基础设施建设，提升服务能级。共青森林公园免费开放，在出入口安装闸机，并与各类网上预约系统对接，游客可以通过多种方式实现快速入园，同时把四个大门售票亭改造成游客服务站，为游客提供免费寄存物品、租借充电宝、雨伞、轮椅、童车等服务；东平森林公园为配合第十届花博会举办，对整体布局进行优化调整，园内设施也进行了大量改造，使公园整体面貌焕然一新。

（3）做好森林防火和安全生产工作。将护林防火作为长期性、常态化的重点工作，高度重视、切实履责，构建安全工作责任网并逐级落实安全生产责任制，着力提升技防和人防水平。在做好日常管理工作的同时，在元旦、春节、清明、冬至以及台风等各安全重点期，提前做好工作部署和工作预案，重点开展巡查巡护，消除安全隐患，确保了资源绝对安全。

九、江苏省

（1）坚持保护优先开展生态旅游。在强化现有森林植被、古树名木、野生动植物等保护，实施林相改造、森林抚育、珍贵树种培育等工程，全面优化景区生态环境的基础上，切实加强自然生态、田园风光、传统村落、历史文化、民俗文化等保护，充分传承和挖掘生态文化内涵，积极开展生态教育、自然体验、生态旅游等活动，构建高品质、多样化的生态产品体系。2021 年起，启动实施了生态旅游能力建设项目，从全省生态旅游地中选取 10 家有代表性的生态旅游地，每家补助 50 万元，共计 500 万元，用于实施生态景观质量提升、科普宣教设施建设、森林步道等基础设施建设、生态文化提升和宣传推介等工作，有力推动了全省生态旅游资源的保护和生态旅游能力的提升。

（2）积极培育生态旅游载体。深入推进生态旅游与文旅、农旅、体旅、会旅、学旅等深度融合，积极开发森林徒步、森林观光、森林康养、森林养生、林下采摘等森林体验项目，大力发展森林体验、自然教育、山地运动、生态露营等新兴业态，进一步拓展林业资源多功能利用空间，满足消费者观光、休闲、度假、文化、体验、健身和养生等多样化需求。4月，在森林资源丰富、自然景观优美的生态旅游地选取具有较好基础，已具备森林步道基本功能和业态的16条线路作为首批省级森林步道向全社会进行发布，受到社会各界的广泛关注，各大主流门户网站普遍报道。

（3）加强生态旅游产品宣传推介。4月，从各地举办的生态旅游主题活动中，精心选取了森林体验、运动赛事、民俗活动、种苗花卉、野生动物、湿地游览等6大类150项活动，组织开展以“游森林步道，享健康生活”为主题的“2021绿美江苏·生态旅游”系列推介活动。10月，充分利用“绿美江苏·生态旅游”的社会影响力，结合了“秋栖霞”红枫艺术节的品牌吸引力，联合举办了2021“绿美江苏·生态旅游”系列推介活动之走进秋栖霞活动。

十、浙江省

（1）立足发展抓规划。印发《浙江省自然保护地体系发展“十四五”规划》，对全省“十四五”自然保护地发展作出系统规划，也为生态旅游发展做好顶层设计。

（2）加强项目管理，确保有效保护生态。制定了《自然保护地建设项目准入负面清单》，列出了20类禁止项目和31类限制项目清单，进一步规范了自然保护地生态旅游活动。

（3）全面加强监督检查，维持良好生态旅游秩序。对森林公园等进行“空天地一体化”动态监测，通过两期影像成果进行比对，及时掌握森林公园人类活动情况和生态质量变化情况，并通过浙江省自然保护地综合监管服务平台，对监测共发现疑似图斑下达各地进行实地核查，根据信息反馈及时督促各地查处违法违规行为。

（4）挖掘生态旅游文化内涵和知性魅力。充分依托自然与人文资源优势，打造“吟千首唐诗，赏千年杜鹃”“品三省美食 住网红民宿 打卡世界遗产”等具有浙江特色的生态旅游产品。开展十大名山公园走进神仙居暨“五百”森林康养目的地宣传推介活动、长三角生态旅游宣传推介活动等。

（5）富民为本抓融合。结合乡村振兴战略和山区跨越式发展，推进镇村融合发展，支持乡镇村在森林公园发展林下生态产业，组织周边村民建设森林人家、示范性家庭林场等，促进区域融合发展。

十一、安徽省

（1）将森林草地旅游纳入乡村振兴战略中发展生态经济的重要举措之一，在实施乡村振兴、深化新一轮林长制改革、对接长三角一体化发展等重大战略部署中突出生态旅游的作用和地位。将生态旅游作为3个千亿元特色产业之一，纳入全省林业保护发展“十四五”规划，出台《安徽省“十四五”森林旅游发展规划》专项规划。举办了全省自然保护地和生态旅游管理培训班、森林康养绿色大讲堂等。积极开展生态旅游游客量报送工作。推动森林旅游示范市建设，歙县、青阳县、潜山市、太湖县有序推进森林旅游示范县规划编制和实施。

（2）通过媒体宣传、举办森林节庆活动、组团对外推介等措施，拓展“生态旅游+”功能，推动生态旅游融合发展。召开安徽省森林旅游协会二届三次理事会，学习新理念，引领新发展，提升生态旅游工作服务全省林业大局的能力和水平。全省各地积极创新举措，扩大生态旅游知名度和影响力，推动生态旅游发展。滁州市强力推进江淮分水岭风景道建设，打造滁州全域旅游“1号工程”。

（3）积极对接长三角一体化，深化长三角地区林业生态共保联治和产业融合发展，致力打造长三角生态旅游后花园。积极筹备第二届长三角森林旅游康养宣传推介活动。马鞍山市紧抓长三角一体化发展历史机遇，对标“杭嘉湖”、打造“白菜心”，依托全市森林公园和采石矶景区优秀的生态环境区位，以三个“聚焦”（聚焦景区旅游建设全面提升、聚焦景区文化旅游深度融合、聚焦景区生态文明旅游健康发展）推动生态旅游新业态发展。宣城市在上海林业技术网开辟长三角一体化专栏，推介全市森林旅游景点10处，提升生态旅游形象。

十二、福建省

（1）通过推进现代国有林场建设试点，推进生态共享成效。建成1个集林业科普、休闲健身于一体的景点和1条森林步道并免费对外开放。按照“特点突出、示范明显、集中连片、交通便利”的要求，精心建设了10条森林资源培育的精品示范线路，汇聚了国有林场乃至全社会最精华、最优质、最富集的森林资源，成为展示国有林场生态建设成就和资源培育成果的样板。全省完成森林公园改造提升90个、森林步道建设850公里，10个示范林场全部实现

“一场一景”并对全社会免费开放，让广大人民群众共享林业生态建设成果；10个示范林场全部被评为县级及以上文明单位。

（2）积极推进生态共享产品建设。积极践行“绿水青山就是金山银山”理念，充分发挥国有林场的资源优势和生态优势，将国有林场内森林景观较优美、观赏价值较高、交通条件较便利，且毗邻群众聚居地的区域，建设改造成公益性的游憩、休闲和健身的场所并向社会公众免费开放。

（3）稳步推动森林康养产业发展。一是开展2021年森林康养基地评定工作。联合省民政、卫健、总工会、医保等部门联合印发《关于开展2021年省级森林养生城市、森林康养小镇和森林康养基地申报工作的通知》，通过现场考察、网络公示及评定委员会审定，评选出2021年省级森林养生城市2个、森林康养小镇5个和森林康养基地22个。二是面向全国开展森林康养品牌LOGO征集，打造福建森林康养品牌形象。三是开展森林康养人才培训。

十三、江西省

（1）成功举办江西森林旅游节，树生态旅游品牌。先后举办鄱阳湖国际观鸟周、江西森林旅游节等活动，持续唱响江西森林旅游品牌。创新举办了江西森林马拉松系列赛和中国森林歌会作为森林旅游节的主体活动，与主会场活动一起形成了“一体两翼”的办节形式，在营造氛围、凝聚共识、聚合力量方面取得了显著的成效。克服新冠肺炎疫情影响，先后组织举办了“2021中国森林歌会”启幕仪式和南昌湾里、庐山西海、铅山县三个分会场活动，以及“中国森林歌会”晋级赛和全国总决赛等主体活动，开展了2021江西森林旅游节新闻发布会、中国知名作家靖安采风行、央媒江西绿色生态采风行等宣推活动。于7月25日，在宜春市靖安县成功举办了“2021江西森林旅游节”主会场开幕式，期间组织了江西森林旅游精品线路展、第三届江西森林康养论坛等，开展江西森林旅游项目招商推介会等经贸活动，现场签约金额达123亿元。至12月中旬，森林旅游节各项活动均已顺利完成，实现了“办出影响、办出特色、办出水平”的良好效果，吸引了全国50多家主流媒体集中报道，全网直播流量超过3.5亿人次。

（2）积极推动乡村森林公园建设，服务乡村振兴。出台了《关于开展乡村森林公园建设试点的实施意见》，鼓励各地结合乡村风景林保护利用、美丽乡村建设等项目，积极打造乡村公共绿地休闲空间，改善提升农村生态宜居环境，促进乡村“森林旅游＋产业”发展。截至目前，共在全省265个乡镇的

304 处村庄开展了乡村森林公园建设试点，现已完成了 214 处乡村森林公园公示命名，惠及乡村群众 10 余万人。通过“公园下乡”，不但进一步实现了乡村增色、农民宜居，增强了乡村群众生活幸福感和获得感；进一步提升了乡村建设品位，为人民群众留住了田园风光和诗意乡愁，带动了乡村旅游，实现了林农增收。

十四、山东省

（1）加强森林资源培育。坚持生态优先原则，在确保国有林场生态功能不降低的前提下，推进森林质量精准提升工程，实施林相改造和林分抚育，近三年累计投入森林公园建设资金 41.16 亿元，对森林公园内荒山荒地，全面绿化美化，累计完成植树造林 10870.74 公顷，改造林相 19763.59 公顷，丰富森林公园生物多样性，提升森林公园景观价值和综合功能。

（2）打造生态旅游精品。一是依托“好客山东”名品，积极实施生态旅游品牌建设战略，打造精品路线。山东海滨风光森林旅游线成功入围首批 10 条全国特色森林旅游线路。二是积极打造“森林人家”和“森林氧吧”两大品牌，为山东省森林生态旅游凝聚人气。泰山、原山和徂徕山 3 处国家森林公园荣获首批“中国森林氧吧”称号，五莲山、沂山、赤山荣获国家级森林体验和森林养生基地称号。三是围绕“三带集聚”（蓝色海洋健康产业带、运河养生健康产业带、鲁中南山区健康产业带），依托区位、交通和资源优势，加快发展滨海疗养、森林康养、温泉浴养、研修康养等生态旅游新业态，大力开发景区森林浴、登山览胜、天然氧吧、中医药疗养康复、竹林疗养等生态养生体验产品，以及避暑度假养生和生态夏令营项目，把环境优势变为产业优势，把生态颜值变成经济产值，打造具有山东特色的生态健康旅游胜地。聊城市围绕黄河流域高质量发展，做好黄河文章，把黄河国家森林公园打造成网红打卡地，吸引游客 10 万余人次，被《走向世界》杂志以《大河奔腾多彩黄河》为题发文推介。

（3）抓好安全生产。一是持续加强森林公园防火能力建设。印发《山东省自然资源厅安全生产专项整治三年行动（2020—2022 年）实施方案》，建立健全森林防火制度，落实防火责任制，加强用火管理，配备必要的防火设施与设备，督促森林公园建立风险分级管控和隐患排查治理双重预防体系和问题隐患、制度措施“两个清单”。二是强化督导检查。在森林防火戒严期和重大节假日，集中人力、物力对核心保护区和重点景区加强督导检查。

十五、河南省

（1）认真做好省级以上森林公园总体规划评审工作。先后组织专家对《河南始祖山国家森林公园总体规划》《河南石漫滩国家森林公园总体规划》等3处国家级森林公园总体规划进行了评审并上报，对《台前县西凤省级森林公园总体规划》等2个省级森林公园总体总体规划进行了审核批复，要求全省森林公园严格按照总体规划开展建设。二是认真做好森林公园占地评估工作，对全省省级以上森林公园建设项目进行严格评估。三是按要求做好森林公园优化整合工作。

（2）大力推动国家森林步道建设。太行山森林步道（济源段）是全国首个向社会开放的国家森林步道，全长130余公里，穿越王屋山、九里沟、五龙口等知名风景名胜区，沿线保留自然奇特景观、独特人文景观和传统古村落。步道利用已有山间小径，基本保留原有硬化路面、木栈道、自然沙砾石路面，局部新建木栈道。充分利用现有基础设施，建成综合服务驿站、观景及休憩平台、露营地、停车场，设置各类指示牌、警示牌、生态科普介绍牌、语音安全提示播放器。继去年首届穿越壮美太行国际徒步大会后，2021年5月举办了中国山地马拉松系列赛，吸引了全国22个省（自治区、直辖市）的2000多名选手参赛。太行山国家森林步道实现了体育运动与生态旅游、生态科普等有机融合。

十六、湖北省

（1）生态旅游主要指标平稳增长。全省全年林草生态旅游与休闲产业共接待国内外游客4.03亿人次以上，综合创收3624亿元，直接带动的其他产业实现产值5470亿元。其中，生态旅游产业接待游客2.12亿人次以上，实现收入1908亿元，直接带动餐饮、住宿、交通等其他产业创收3900亿元。部分地区生态旅游相关产业收入占旅游业总收入的比重达70%以上，占区域GDP比重达60%以上。生态旅游产业对地方经济转型发展和边远困难地区发展注入新动力。

（2）不断完善生态旅游硬件建设。全省森林公园积极争取各类建设项目，不断加大基础设施投入力度，累计投入建设资金120.49亿元；其中，柴埠溪、天台山、大别山、三角山等4家森林公园5年建设资金总投入均超5亿元。2021年全省森林公园已投入建设资金20.62亿元。一批生态旅游精品项目建设取得重大进展，服务功能不断完善。

（3）生态旅游新业态不断发展。打造精品旅游线路近20条。截至2021年，全省共有森林康养基地（试点县、乡镇）、森林养生基地、森林康养林场、森林康养人家总计113家。

（4）全国生态旅游示范县市创建成效显著。国家林草局共授予神农架、夷陵区、钟祥市等7个县（市、区）“全国森林旅游示范市（县）”称号。通过持续创建活动，重点完善7个市县以森林公园为主体的生态旅游发展规划和配套制度体系建设，提升了生态旅游服务硬件条件，建成一批精品生态旅游地和旅游线路。

十七、湖南省

（1）争资引项加强生态旅游基础设施建设。积极参加与湖南省农业银行的加大林业“四大千亿”产业发展金融支持力度对接会，协商加大对重点森林公园重点生态旅游工程的投资贷款力度。积极申报“十四五”国家森林公园保护利用设施建设项目和2021年、2022年中央预算内投资计划国家森林公园林相改造项目。积极争取生态旅游与森林康养省级专项资金，推动森林步道、森林体验基地、自然教育基地、生态露营地、森林人家等示范建设。

（2）全力推进生态旅游市场恢复。逐步推动全省森林公园在防疫不放松的前提下恢复生产。充分利用相关节庆活动、湖南生态旅游与康养微信公众号平台、《湖南林业与生态》杂志配合宣传，密集推送线上游览资源，印制《森林其境——湖南生态旅游与森林康养指南》广为宣传，助力生态旅游目的地复工复产和市场恢复。

（3）加强生态旅游组织领导。根据事业单位改革实际，调整湖南省林业局生态旅游与森林康养工作领导小组成员单位和成员，重新明确领导小组办公室职责。编制《湖南省森林公园“十四五”发展规划》。将《湖南省森林旅游与康养千亿产业发展规划（2018—2025年）》调整修订为《湖南省生态旅游与森林康养千亿产业发展规划（2021—2025年）》，进一步谋划生态旅游发展方向和思路。制定全省林草生态旅游数据统计测算系统，自2021年“十一”长假起开展全省生态旅游数据统计测算工作。

（4）多方合作推动森林康养产业发展。多次组织召开森林康养基地建设座谈会，邀请专家学者、民政、卫健、中医药等部门、森林康养基地参加座谈，共商森林康养发展大计。多次会同省民政厅、省卫生健康委、省中医药管理局等相关部门开展调研，为湖南森林健康产业快速发展找准方向和突破口。进一步加强部门协作，经初步申报、资料审核、第三方核查、四部门联合复查等程序，截至 2021 年年底，共确定公布了两批 52 个省级森林康养基地，进一步规范和推进省级森林康养基地建设与发展。

十八、广东省

（1）完善生态旅游相关政策法规。一是加强组织领导，成立广东省林业局生态旅游工作领导小组，加强对林业生态旅游工作的组织领导和统筹协调，促进林业生态旅游健康持续、高质量发展。二是经省政府同意，广东省自然资源厅、文化和旅游厅、林业局印发了《关于加快森林旅游的通知》，并组织编制了广东省林业产业发展“十四五”规划》《广东省森林旅游发展规划（2021—2035 年）》。三是印发《广东省林业局关于促进林业一二三产业融合创新发展的指导意见》。四是联合省民政厅、省卫健委、省中医药局印发《关于加快推进森林康养产业的意见》。五是印发《广东省林业局、广东省统计局关于加强林业产业统计工作的通知》。

（2）组织相关会议、展会、培训。参展由文化和旅游部、海南省人民政府共同举办的，海南省旅游和文化广电体育厅主办的 2021 年（第六届）海南世家休闲旅游博览会，举办广东省林业改革和产业发展业务工作培训班，召开广东林业改革与乡村振兴座谈会等。

（3）大力发展森林 + 新业态。一是联合省文化和旅游厅共同认定 100 条森林旅游特色线路和 100 个森林旅游新兴品牌地，评选认定一批“南粤森林人家”。将森林培育成林业支柱产业、重点旅游品牌，促进生态旅游健康持续发展。二是做好游客量数据采集样本单位的推荐和管理。广州流溪河国家森林公园、广州石门国家森林公园等两批共 65 家单位被国家林草局授予游客量数据采集样本单位，加强对样本单位队伍的管理，确保队伍稳定、数据报送及时、真实有效。三是高质量抓好森林生态示范园建设，打造生态旅游示范样本。依托国有林场、自然保护地及林业科研院所等场所单位，打造一批在森林生态系统健康维护、森林生态综合利用、林业科技创新与示范等方面具有示范引领作用的森林生态综合示范园。截至 2021 年，共建设省级森林生态综合示范园 30 个，在林业科技、自然教育、林下经济、森林旅游、森林康养等方面起带头示范作用。四是发展森林康养新业态，努力打造一批森林康养资源优势明显、基础设施和设备相对完善的森林康养基地。自 2018 年，共认定省级森林康养基地（试点）30 个。

（4）加强生态旅游品牌建设。开设善融商务平台广东林特产品馆广东馆，印发《广东省林业局、中国建设银行广东分行关于开展善融商务平台林特产品馆入驻推荐工作的通知》。积极推荐更多更优秀的企业和有优质的林特产品包括森林旅游产品入馆，不断开展生态旅游的外延和内涵，加强生态旅游品牌建设，完善生态旅游产品产业链。

十九、广西壮族自治区

（1）加强规划引领。开展森林风景资源普查工作，印发《广西森林风景资源普查报告》《广西林业生态旅游发展“十四五”规划》《广西森林康养产业发展“十四五”规划》，指导各市、县依托独特的森林风景资源优势，科学发展生态旅游产业。

（2）持续开展生态旅游系列品牌评定工作。2020—2021 年全区共认定生态旅游系列品牌基地 65 个（四星、五星级森林人家 32 个，森林康养基地 10 个，森林体验基地 12 个，花卉苗木观光基地 8 个，林业生态旅游示范区 3 个）。三是持续做好生态旅游产业的宣传推介工作，建立“广西森林旅游”公众号，定期宣传推介生态旅游景点、景区；在森林公园等举办马拉松、自行车、健步走、亲子游、研学教育游等活动，达到宣传、促销、引（客）流的效果；举办第三届广西森林康养产业发展论坛，探讨如何发展森林康养产业，展示、宣传、体验森林康养产品及服务；通过广泛宣传推介，促进广西生态旅游健康发展。

二十、海南省

（1）依法开展生态旅游管理。一是省政府办公厅印发了《海南热带雨林国家公园生态旅游专项规划（2020—2035 年）》，为全省依托国家公园开展生态旅游提供依据；印发《海南省森林康养产业发展指导意见》《海南热带雨林国家公园特许经营管理办法》《海南热带雨林国家公园生态旅游管控预案（试行）》等文件，鼓励经济实体投资生态旅游开发，改善服务质量，全面提高生态旅游产业的整体效益。二是编制《海南省自然保护地管理体制方案》，从自然保护地管理机构和队伍建设、保护地投入机制、自然保护地法律体系、自然保护地执法、社区共管、科技支撑、评估考核等方面提出了相关措施，推动自然保护地规范化管理。三是继续推进森林公园规划编制工作，2020 年国家林草局批准了《海南蓝洋温泉国家森林公园总体规划（2020—2030 年）》，昌化大岭等 7 个省级森林公园已完成总体规划编制工作。

（2）完善生态旅游基础设施。一是完善旅游设施建设。全省共拥有生态旅游步道 114.8 公里，车船 235 台（艘），床位 3526 张，餐位 6100 个，职工和导游总数分别为 3207 人和 127 人，社会从业人员 691 人。二是积极推动国家森林步道建设。已完成国家公园范围内国家森林步道规划。完善道路、通讯、水电等必要基础设施，鹦哥岭分局博物馆已建成，吊罗山分局对自然教育与体验区进行了升级改造。三是开发生态旅游新亮点。打造以温泉体验 + 水世界、温泉酒店、地热学院和温泉康养医院为主题的蓝洋温泉康养中心，今年已完成规划设计及专家评审并申请立项，预计 2022 上半年开工建设。

二十一、重庆市

（1）编制实施了《重庆市文化和旅游发展“十四五”规划》《重庆市林业产业发展规划（2021—2025 年）》《重庆市森林旅游发展规划（2018—2025 年）》《重庆市森林康养发展规划（2018—2025 年）》等，出台了《关于加快建设重庆旅游发展升级版的实施意见》《重庆市促进大健康产业高质量发展行动计划》《重庆市森林康养基地创建导则》《重庆市自然教育基地创建办法》等，正在编制《重庆市旅游业发展“十四五”规划（2021—2025 年）》，高位推动生态旅游发展。

（2）打造品牌、创新业态。全市创建江津、武隆、巫山等全国森林旅游示范区县 6 个。仙女山、金佛山、四面山、康养石柱、三峡红叶等生态旅游康养品牌享誉国内外。“大巴山森林人家”“黄水森林人家”“神女峰森林人家”“桃源人家”等品牌颇具引领力。

（3）区域合作、优势互补。深化生态旅游跨区域合作交流，在推动“成渝地区双城经济圈建设”中，重庆市林业局与四川省林草局共同签订《筑牢长江上游重要生态屏障助推成渝地区双城经济圈建设合作协议》，就共同开展生态旅游示范工作达成共识。联合四川省林草局共同举办成渝地区双城经济圈首届“最美竹林风景”公众评选活动，经过推荐申报、公众评选、专家审定等环节，两地共评选出 18 家“最美竹林风景”。

（4）招商引资、向外推介。引进中林集团等企业参与重庆生态旅游发展，与武隆区共同打造白马山生态旅游康养基地，与城口县合作策划森林康养产业发展。树顶漫步自然教育营地项目落户武隆仙女山国家森林公园并建成投入运营，推动自然教育、森林体验、森林运动的融合发展。

二十二、四川省

（1）建立完善生态旅游发展机制。2021年联合民政厅、省卫生健康委、省中医药管理局、自然资源厅、文化和旅游厅、省体育局、省总工会等7家省级部门共同印发了《关于加快推进森林康养产业发展的意见》。组织研究完成了《四川省生态旅游发展报告（2021）》，提出了四川生态生态旅游的共识和行动方案。组织研究省级林草生态旅游区创建试点工作，培育林草生态旅游品牌。

（2）实施“大熊猫+”生态旅游行动。紧扣作响“天府三九大”新名片，构建“大熊猫+”生态旅游产业体系。充分挖掘森林、湿地、草原等自然生态资源，结合自然保护地优化整合和国有林场改革，重点加强对自然保护区一般控制区和风景名胜区、森林公园、地质公园、湿地公园、草原公园等自然公园的生态旅游规划和景观设计指导，积极培育和创建一批具有地域特色、民族风情的林草特色生态旅游体验区。指导各地编制自然保护地生态旅游专项规划、森林康养基地规划、森林乡镇规划。

（3）提升生态旅游节会品牌效应。进一步规范全省花卉（果类）、红叶、成都森林文化旅游节等生态旅游资源节会活动。2021年发布赏花、红叶观赏指数8期。2021年举办花卉（果类）、红叶生态旅游节共41场。节会活动在促进生态产业发展、活跃地方经济、促进乡村振兴、增进民族团结等方面效果明显，亮点突出，收到较好的生态效益、经济效益和社会效益。

（4）有序发展森林康养。充分发挥森林资源优势，依据林业、健康、卫生、养老等法律法规和政策规定，加强全省森林康养基地的培育和建设，发挥示范引领作用。2021年印发了《四川省林业和草原局办公室关于开展省级森林康养基地复查评估的通知》，要求各市州针对森林康养基地规划编制以及规划实施情况、是否存在以生态旅游或森林康养名义违规开发房地产等问题、林地征占用情况等方面进行自查。启动修订《四川省级森林康养基地评定办法》工作，对前6批省级森林康养基地进行评估复核，对不符合标准的32家省级森林康养基地，按照程序取消其称号。实行川渝互动、联合推介，28处省级森林康养基地参与了成渝推介展播。

二十三、贵州省

（1）优化整合范围，平衡保护发展。根据“面积不减少、功能不降低、性质不改变”的原则，立足解决自然保护地范围划定不合理等历史遗留问题，妥善处理地方经济发展与生态保护之间的关系，按规定合理规划生态旅游发展空间。

（2）征集旅游项目，争取贷款支持。组建“十四五”生态旅游项目库，联合省文化和旅游厅将“十四五”生态旅游项目库中的152个项目全部纳入省旅游产业化项目库，在旅游产业化基金和贴息补助等方面予以支持。

（3）强化用地保障，加快手续办理。2021年，经组织各市（州）林业局对《2021年贵州省重大工程和重点项目推进计划表》进行调度，全省列入2021年省重大工程和重点项目的旅游产业化项目涉及使用林地的100个，其中省级收到并办结使用林地手续项目40个，办结率100%。

二十四、云南省

（1）完善制度措施。一是出台了《云南省林业厅关于进一步规范林业自然保护区旅游活动的通知》，从依法规范、科学发展、强化监管等方面提出要求，依法加强自然保护区旅游活动管理，实现保护与发展双赢。二是编制完成了《香格里拉普达措国家公园特许经营项目管理办法》，对国家公园以游憩利用为主的特许经营项目，从特许经营项目类型、特许经营期限、特许经营费管理、特许经营监督管理，构建特许经营制度、完善特许经营机制等方面进行了系统规范，积极促进管理权与经营权分离，提高管理及投资效率。三是出台了《关于促进林草产业高质量发展的实施意见》，明确将“大力发展森林生态旅游”和“积极发展森林康养”纳入重点工作内容。四是联合省民政厅、省卫生健康委联合出台了《关于促进森林康养产业发展的实施意见》，明确了森林康养产业发展目标、主要任务和保障措施。

（2）编制规划。一是落实《云南省森林旅游发展规划（2016—2025年）》，对生态旅游产业空间发展布局、行业管理体制、建立森林旅游资源保护、监测与评估体系等进行统筹推进。二是组织开展《林草产业“十四五”规划》《云南省森林康养产业发展规划（2021—2025年）》编制工作，对全省生态旅游产业空间布局、发展重点等进行规划。三是组织开展森林康养基地建设、检测和管理指南的编制工作，对标准化森林康养基地建设等进行规范。

（3）打造生态旅游品牌。积极参加各类试点示范和节庆展会活动。景洪市、临沧市被授予“全国森林旅游示范市”称号；太阳河国家森林公园被评为“森林健康养生50佳”；普洱茶马古道（普洱茶马古道旅游景区斑鸠坡段）被评为“最美森林古道”；小熊猫庄园被评为“最美森林民宿”；云南热带雨林生态旅游线入选首批“全国特色森林旅游线路”，云南滇南秘境森林旅游线入选“2019 全国特色森林旅游线路”；云南野生动物园被授予“全国中小学研学实践教育基地”称号，并入选“2019 全国自然教育精品基地”；高黎贡山国家级自然保护区（腾冲辖区）、无量山国家级自然保护区（南涧段）、普洱太阳河国家森林公园、西双版纳野象谷景区、丽江玉龙雪山景区等入选“中国森林氧吧”。现有 14 家单位被认定为第一批全国林草生态旅游游客量数据采集样本单位。

（4）推进森林康养基地建设工作。组织推荐 30 个单位申报“全域森林康养试点建设市”“全域森林康养试点建设县（市）、乡（镇）”“国家级森林康养试点建设单位”和“中国森林康养人家”。截至 2021 年年底，全省共有 83 个中产联认定的国家级森林康养基地，3 个县（市、区）和 2 个经营主体被国家林草局、民政部、国家卫生健康委、国家中医药管理局联合认定为第一批国家森林康养基地。

二十五、西藏自治区

（1）完善政策支撑，强化顶层设计。积极开展自然保护地整合优化工作。在出台《西藏自治区关于建立以国家公园为主体的自然保护地体系的实施意见》基础上，7 月，印发了《〈西藏自治区关于建立以国家公园为主体的自然保护地体系的实施意见〉任务分解方案》，对全区工作进行了安排部署，为建立以国家公园为主体的自然保护地体系提供政策支撑。

（2）强化品牌创造，树立发展典型。继续打造以神山圣湖为主打品牌的冈仁波齐国家森林公园，以鲁朗国际旅游小镇为主打品牌的色季拉国家森林公园，以自然博物馆和措木及日湖为主打品牌的比日神山国家森林公园等一批具有一定基础设施条件，自然资源丰富，游客量和生态旅游产业相对稳定的森林公园。在严格遵循科学保护、合理布局的前提下，通过加强宣传促销扩大影响，继续实施冬游西藏免票政策，逐步壮大生态旅游市场，提升旅游景区知名度。全年共接待游客 51.39 万人次，实现收入 3958.10 万元。

二十六、陕西省

（1）夯实生态旅游基础。一是坚持生态保护优先原则。完成自然保护地整合优化工作，协调保护与发展关系，确保生态旅游可持续健康发展，基本形成以国家公园为主体、自然保护区为基础、各类自然公园为补充的自然保护地体系。二是启动关注森林活动。制定出台《陕西省关注森林活动五年工作规划》，开展“2021 年陕西省关注森林活动”“秦岭国家公园创建”“秦岭生物多样性保护”主题调研、“建党百年展芳华美丽陕西我先行”“青少年进森林”等活动。三是做好生态资源监测保护。启动“陕西省生态空间云平台”建设，构建信息互通、数据共享、安全高效的“生态云”服务体系。编制《国有林场森林公园森林风景资源保护监测实施方案》。四是落实生态旅游安全责任。

（2）加快生态旅游发展。一是增强生态旅游发展动力。印发《陕西省省级森林旅游示范市县申报管理办法》，开展森林旅游示范市县创建工作，把生态旅游融入全域旅游和地方经济发展全局，生态旅游成为区域经济发展重要支撑。二是培育生态旅游新兴业态。依托自然资源禀赋，打造特色鲜明的自然教育、森林康养、森林体验等生态旅游新业态。三是做强生态旅游特色名片。

（3）提升生态旅游质量。一是建设生态旅游智慧平台。起草制定《陕西生态旅游大数据信息平台（APP—“掌上旅游”）项目实施方案》，启动智慧旅游体系建设，提升生态旅游行业监管和公共信息服务能力。二是发挥生态旅游引领作用。太白山打造闫家堡关中民俗风情体验区等一批乡村旅游示范点，成为全国休闲农业与乡村旅游示范区，带动乡村旅游规模化、品牌化发展。三是提高生态旅游服务能力。

（4）品牌发展，打造生态旅游精品。推选生态旅游特色线路。印发《关于开展生态旅游特色（古道）线路推选认定工作的通知》，发布观赏红叶、油画森林、“秦岭四宝”寻踪、“东方红宝石”朱鹮、森林康养、生态体验等六条生态旅游线路。同时发布旅游线路路书，方便公众扫码快捷查询生态旅游信息。

二十七、甘肃省

（1）发挥独特优势，积极打造特色生态旅游品牌。充分挖掘生态旅游资源丰富多元的独特优势，根据不同地域不同禀赋的特色特质，集中优势资源，合理开发利用，已初步打造形成了独具特色的五大生态旅游品牌。

（2）着力拓展渠道，推动生态旅游高质量发展。一是举办了“第十一届中国生态文明腊子口论坛”“第二十届九色甘南香巴拉旅游艺术节”“沧海迷恋伊甸园·蝴蝶飞过冶力关”等活动，助推甘南文化旅游首位产业显著增长。二是举办以“醉美胡杨·金色金塔”为主题第十一届胡杨文化旅游节，先后举办“如意甘肃”骑游行、“魅力金塔”文艺周系列演出、“走进金塔”环胡杨林马拉松赛等 11 项活动。

（3）认真探索谋划，推动森林步道规划建设和森林体验养生国家重点基地建设。加快推进秦岭国家森林步道线路和节点建设，规划和完善配套设施和服务。积极督促扎尕那森林公园完成森林公园附属设施建设工程，对仙女滩景区栈道维护提升改造，完善景区内标准化旅游厕所和垃圾处理建设等配套设施。完成大峡沟国家森林公园保护利用设施建设项目。建成甘肃省甘南州迭部县扎尕那生态旅游养生特色小镇项目，开展森林体验教育实践活动。

二十八、青海省

（1）规范生态旅游发展。印发《青海省林业和草原局关于对森林公园管理工作开展督查的通知》，对全省 23 个森林公园就重大决策部署贯彻落实情况、管理能力情况、总体规划编制情况、建设项目使用林地情况、开发活动和行为等情况开展督查，进一步规范森林公园生态旅游发展。

（2）推动将省级森林公园管理办法纳入省人大 2022 年立法内容，正在制定相关工作计划。

二十九、宁夏回族自治区

（1）全区森林公园建设和管理迈入法制化轨道，依法管理水平显著提高。自治区人民政府颁布了《宁夏回族自治区森林公园管理办法》，制定了《关于加快市民休闲森林公园建设的意见》。

（2）深挖自然资源优势，打造生态旅游知名品牌。积极打造“森林、草原、沙漠、湖泊”四大生态旅游品牌，开展环湖骑行、健身攀岩、星空露营、荒漠徒步、冬季冰雪旅游等特色生态旅游活动。

（3）开展山林权改革，以生态旅游为重要抓手助推脱贫攻坚成果巩固和乡村振兴。自治区党委、政府出台《关于深入推进山林权改革加快植绿增绿护绿步伐的实施意见》，要求建立市场化植绿增绿新机制，推进“以林养林”新模式、探索“以地换林”新路径。允许自然公园（森林公园、湿地公园、沙漠公园）、植物园等生态旅游景区资源所有权、管理权和经营权分离，鼓励社会资本通过特许、转让、承包、租赁、合作等方式投资生态旅游项目，建设保护生物多样性的综合园区。在国家允许范围内，不影响树木生长、不造成环境破坏的前提下，在山林和“四荒”地开展生态旅游、森林康养等绿色环保经营活动，可按规定配套一定比例的建设用地，引导企业植树造林、植绿增绿。进一步释放林业发展动能，拓展森林生态旅游发展空间，推动森林生态旅游。

三十、新疆维吾尔自治区

（1）全力支持旅游兴疆战略实施。一是加强组织领导。成立了由自治区林草局党委书记任组长，其他局领导任副组长，相关处室负责人为成员的自治区林业和草原局旅游工作领导小组，研究、部署、协调生态旅游相关工作。二是建立生态旅游高质量发展包联定点服务机制。与各地州市建立纵向联系机制，与自治区文旅、自然资源、交通等部门建立横向联系机制。结合自治区 2021 年度重大项目清单，主动对接国家和自治区重点项目，提前介入、协调快速办理文旅项目涉林草手续。

（2）不断优化审批服务。一是参与建设项目前期选址论证等工作，全力配合生态旅游产业发展空间布局优化、生态旅游精品线路开发。对符合条件的生态旅游重点项目依法依规快速审批。二是围绕落实《体育总局关于就阿勒泰高质量发展冰雪经济开展多部门联合调研及下一步支持措施的报告》中涉及林草局的 5 项任务，多次安排专人帮助阿勒泰地区争取冰雪旅游产业政策支持。同时，紧抓北京冬奥契机，积极支持阿勒泰地区打造国际冰雪产业新高地、国际重点知名冰雪旅游目的地和休闲度假胜地。为新疆冰雪产业发展协调提供涉及林业、草原、自然保护地等政策方面的咨询和服务，开通林草行政审批“绿色通道”，对符合条件的重要项目使用林地进行快速审批。2021 年共办结涉及冰雪旅游的行政许可办理事项 127 件，其中涉及自然保护地准入或审查的建设项目 45 件。

（3）积极促进林草业和旅游业的深度融合。新疆将生态旅游融入全域旅游，大力培育“林草 + 旅游”新业态。支持“车师古道、阿禾公路”等一批和森林草原关系密切的生态旅游精品线路。新疆阿勒泰市克兰河峡谷森林康养基地和新疆奇台江布拉克国家森林公园被命名为首批国家森林康养基地，新疆乌苏佛山国家森林公园等 8 个单位获批全国森林康养基地试点建设单位。

（4）组织开展生态旅游相关宣传推介活动。一是在《新疆是个好地方》节目播出 3 期有关林草生态旅游方面节目，在学习强国 APP、电台栏目同步播出。二是积极筹备参加“第十届中国花卉博览会”“中国林业生态产品博览会”“第 14 届中国义乌国际森林产品博览会”等展会活动，宣传推介新疆特色林果、花卉产品、农产品、文旅产品。组织全区 29 家花卉、旅游等企业成功参展第十届中国花卉博览会，接待游客近 160 万人次，达成项目签约 1.5 亿元，获得 28 项奖项，其中首次获得组织特等奖，充分宣传展示了“新疆是个好地方”。

三十一、内蒙古森工集团

（1）加强机构建设，明确职能分工。根据《建立以国家公园为主体的自然保护地体系指导意见》精神，为进一步突出森林公园的生态保护功能，通过机构优化调整，将集团总部的森林公园管理职能由旅游局划到自然保护地管理部，部分森工（林业）公司将森林公园的管理机构由旅游公司调整为自然保护地管理相关部门。调整后，森林公园的保护管理职能由自然保护地管理相关部门承担；生态旅游职能由旅游公司承担；巡护管护工作根据人员配备情况，由自然保护地管理部门负责或指导所在林场组织实施，职能更加明确，权责更加清晰。

（2）修订总体规划，严格依规建设。为充分发挥总体规划指导森林公园开展保护管理、科研监测、宣传教育、合理利用等行为的重要作用，坚持“保护优先、合理布局、突出重点、分步实施”的原则，组织开展了国家森林公园总体规划修编工作。

（3）理顺审批权限，严格管理。森工集团重新挂牌运营后，积极与内蒙古自治区林草局对接，明确占用森林公园审批权限、审批程序和材料要求。强化林地占用管理，要求自然保护地管理部门深度参与森林公园林地占用工作。加强事前介入，对使用林地用途、位置、面积提出明确意见。对项目施工期和运营期进行全过程跟踪，保证各项保护措施落实到位，防止破坏自然资源和违法违规使用林地等事件发生。

（4）加强宣传教育。以“爱鸟周”“世界野生动植物日”“野生动植物保护宣传月”为契机，开展专题宣传活动，大力宣传生态文明理念和林区生态文明建设成果，让社会公众充分了解保护工作的重要意义和作用。

第八章
典型案例：河北省塞罕坝机械林场牢记使命、接续奋斗，实现生态保护、绿色发展和民生改善相统一

一、发展现状

塞罕坝机械林场是河北省林草局直属大型国有林场，地处河北省最北部、内蒙古高原浑善达克沙地南缘，总经营面积140万亩，有林地面积115.1万亩，林木蓄积量1036.8万立方米，森林覆盖率82%。六十年来，三代塞罕坝人艰苦创业，接续奋斗，在一片荒漠中建成了世界上面积最大的人工林场，创造了荒原变林海的人间奇迹，筑起京津冀绿色生态屏障，走上了绿色发展的康庄大道，铸就了“牢记使命、艰苦创业、绿色发展”的塞罕坝精神。2017年8月，习近平总书记对塞罕坝建设者感人事迹作出重要指示，指出塞罕坝林场是推进生态文明建设的生动范例。2021年8月，习近平总书记视察塞罕坝，对林场的工作给予高度肯定，称塞罕坝成功营造起百万亩人工林海，创造了世界生态文明建设史上的典型。塞罕坝林场建设史是一部可歌可泣的艰苦奋斗史。塞罕坝的建设者们用实际行动铸就了牢记使命、艰苦创业、绿色发展的塞罕坝精神，成为中国共产党精神谱系的重要组成部分，对全国生态文明建设具有重要示范意义。

2017年12月，塞罕坝机械林场获得联合国环保最高荣誉——“地球卫士奖”。2021年2月，被党中央、国务院授予“全国脱贫攻坚楷模”称号。2021月6月，被中共中央授予“全国先进基层党组织”称号。2021年9月，荣获联合国防治荒漠化领域最高荣誉——“土地生命奖”。

二、主要做法

（一）坚持牢记使命、艰苦创业，矢志不渝绿化国土

建场初期，塞罕坝气候恶劣、沙化严重、缺食少房、偏远闭塞，一年一场风，年始到年终，最低气温零下43度，长达7个多月的积雪期。老一辈塞罕坝人住在干打垒、马架子、地窨子，吃黑莜面、野菜、盐水煮莜麦粒，喝雪水和河沟水，在一无技术、二无经验的基础上，成功实现全光育苗，培育出了“大胡子、矮胖子”优质壮苗，改进了苏联造林机械和设备，创新了“三锹半”植苗方法，经受住了大面积雨淞和干旱等自然灾害的考验，全面完成了建场之初确定的目标任务，为京津冀及华北地区构筑起了一道防风固沙、涵养水源的绿色生态屏障。

“无山不绿、有水皆清”是塞罕坝人始终追求的目标。为进一步筑牢这道京津冀不可或缺的绿色生态屏障，林场统筹推进山水林田湖草沙系统治理，接力描绘好塞罕坝的绿色本底。尤其是党的十八大以来，林场对从未涉足的石质阳坡实施了荒山“清零”行动，探索出一整套针对石质阳坡的造林技术，全面提高造林成效，使得曾经如芥癣般的荒山秃岭，生长起一片绿海。林场累计完成石质阳坡攻坚造林超66.7平方千米，平均造林保存率95%以上，生态治理成效和水平得到进一步提升，用智慧和汗水续写了塞罕坝的绿色传奇。

（二）坚持生态优先、绿色发展，持之以恒保护生态

尊重自然、顺应自然、保护自然，牢牢守住生态底线，把一代代塞罕坝人接续奋斗铸就的宝贵自然资源保护好、传承好。一是全面建立资源管护新格局。全面落实林长制，建立了林场、分场、营林区三级林长体系，林长制网格化管理实现全覆盖。二是着力构建自然保护地体系。对区域内国家级自然保护区和国家级森林公园进行整合优化，自然保护地面积大幅增加，确保重要自然生态系统、自然遗迹、自然景观和生物多样性得到系统性保护。三是扎实开展森林防火。实行全年、全域、全员防火制度，通过创新管理举措、层层落实责任、全面宣传教育、严格火源管控、强化隐患排查等措施，林场保持无火情、无火灾、无防扑火安全事故。四是做好森林草原病虫害防治。通过坚持推广使用生物制剂，做好木材苗木、木制品及包装物检疫，密切监测和有效防控松材线虫病等入侵，开展智慧化监测体系建设等措施，林场筑起了坚实的绿色生态屏障。

（三）坚持生态为民、示范带动，有力促进周边区域共同发展

林场严守生态红线的同时，不断加快产业结构调整，培育生态经济新增长

点，打造绿色发展新引擎，带动塞罕坝周边区域共同发展。塞罕坝是华北地区知名的森林生态旅游胜地，林场在确保森林资源绝对安全的前提下，规范、有序、适度发展红色精品游、生态特色游等参观旅游，推进塞罕坝森林特色小镇建设，形成了“食、住、行、游、购、娱”+“森林康养”的特色产业链。积极推动林场与种苗融合发展，建设了辐射周边地区的特色绿化苗木基地，培育了云杉、樟子松、油松、落叶松等优质绿化苗木，销往京津冀、内蒙古、甘肃、辽宁等全国十几个省（自治区、直辖市）。积极做好森林碳汇文章，2016年8月，塞罕坝林业碳汇项目首批国家核证减排量(CCER)获得国家发改委签发，成为华北地区首个在国家发改委注册成功并签发的林业碳汇项目，也是迄今为止全国签发碳减排量最大的林业碳汇自愿减排项目，保守估计可带来超亿元的收入。绿色产业发展为林场可持续发展提供了有力支撑，同时也创造了大量就业岗位，带动了周边地区的乡村游、农家乐、养殖业、山野特产、手工艺品、交通运输等产业的发展，每年可实现社会总收入6亿多元。郁郁葱葱的林海，成为林场生产发展、职工生活改善、周边群众脱贫致富的“绿色银行”。

（四）坚持改革创新、科技引领，不断推进林场高质量发展

大力推进国有林场改革，印发了《塞罕坝机械林场“二次创业”方案》《塞罕坝机械林场及周边区域管理体制改革创新方案》等，明确了林场公益属性，持续推进林场政事分开，逐步改善职工生产生活条件。积极组织编制实施新型森林经营方案，推动森林经营工作由以木材生产培育为主向提高生态系统质量和稳定性为主转变，由利用森林获取经济利益为主向提供生态服务、维护生态安全为主转变。坚持科研与生产紧密结合，与北京大学、北京林业大学、中国林科院、河北农业大学等科研院所建立科研长效合作机制，取得了多项创新性成果，成为华北地区首家拥有CFCC机构FM证书的国有林场。林场共完成育苗、造林、营林、有害生物防治等9类60余项科研课题，编写《塞罕坝植物志》《塞罕坝林业生产技术与管理》《塞北绿色明珠——塞罕坝机械林场科学营林体系系统研究》《塞罕坝森林植物图谱》《塞罕坝动物志》等专著，编制标准7项，发表论文630余篇，20余项科研成果获国家、省部级奖励。

（五）坚持精神引领、深耕厚植，用塞罕坝精神培根铸魂

塞罕坝精神是中国共产党精神谱系的组成部分，是推进塞罕坝林场高质量发展的“根”与“魂”，是塞罕坝林场持续奋斗、接力传承、延续发展的根本和命脉。林场作为塞罕坝精神的发源地和铸就者，坚持深入挖掘塞罕坝精神内涵，形成了大量课题研究和理论阐释，推出了一大批文艺精品力作，推动塞罕

坝精神不断发扬光大，在全国人民心中扎根铸魂。同时，林场在深化学习传承、转化落地见效上下功夫、求创新、走在前，积极推动把塞罕坝精神融入每一名职工灵魂血脉，培植到心灵深处，嵌入到林场的高质量发展，为扎实推进二次创业提供强大动力，用实际行动践行“绿水青山就是金山银山”理念。

三、取得成效

（一）凝结的塞罕坝精神成为中国共产党精神谱系的重要组成部分

塞罕坝人在河北纬度最高、气温最低、无霜期最短、立地条件较差的坝上高原，克服常人难以想象的困难，建成了华北地区人工林规模最大、长势最好、生态环境最优、经济效益较高的百万亩林海。在艰辛的创业征途中，用忠诚和执着凝结出了“牢记使命、艰苦创业、绿色发展”的塞罕坝精神，成为中国共产党精神谱系的重要组成部分。

（二）充分彰显了“绿水青山就是金山银山”理念的时代价值

人不负青山，青山定不负人。塞罕坝的实践证明，绿水青山就是金山银山，保护生态环境就是保护生产力，改善生态环境就是发展生产力。曾经“黄沙遮天日，飞鸟无栖树”的地方，如今变成“水的源头、云的故乡、花的世界、林的海洋”，成为今天的野生动植物物种基因库。在塞罕坝森林、草原、湿地等多种生态系统中，栖息着陆生野生脊椎动物 261 种、鱼类 32 种、昆虫 660 种、植物 625 种，其中，国家重点保护动物有 47 种，国家重点保护植物有 5 种，实现了人与自然和谐共生、永续发展。

（1）生态效益。百万亩林海铸成一道牢固的绿色屏障，有效阻滞了浑善达克沙地南侵，为北京近年春季沙尘天数大幅度减少发挥了重要作用。森林和湿地每年涵养水源量 2.84 亿立方米，年释放氧气 59.84 万吨，年固定二氧化碳 86.03 万吨。有效改善了区域小气候，无霜期由 52 天增加到 64 天，年均大风日数由 83 天减少到 53 天，年均降水量由不足 410 毫米增加到 479 毫米。

（2）经济效益。林场有林地面积增加到 115.1 万亩，林木总蓄积由 33 万立方米增加到 1036.8 万立方米，增长 30 倍。据中国林科院核算评估，林场森林湿地资源资产总价值达 231.2 亿元。在经营收入方面，林场主营业收入达 26.4 亿元，其中，森林抚育与利用原木产品 17.5 亿元，工程造林与园林绿化苗木 1.8 亿元，生态旅游 5.6 亿元，林业碳汇项目保守估计可带来超亿元的收入。

（3）社会效益。林场助推区域发展，带动群众致富，周边 4 万多百姓受益，2.2 万名贫困人口实现脱贫。带动周边发展乡村游、农家乐等多种业态，每年实现社会总收入 6 亿多元。带动周边发展生态苗木基地 10 余万亩，苗木总价值达 7 亿多元。为当地 4000 余名群众提供就业机会，人均年收入达 1.5 万元。同时，林场提供技术支持，带动周边区域规模化造林 445 万亩，有力推动了三北防护林、太行山绿化攻坚、雄安新区千年秀林等生态工程建设。向世界诠释了“美丽中国”，联合国防治荒漠化公约组织的 30 多个国家代表来林场考察学习植树造林、防沙固沙等技术。

（三）取得的重要创新成果为全国林草高质量发展提供了典型经验

塞罕坝机械林场的发展史，也是一部中国高寒沙地造林的科技进步史，林场是在物质和技术几乎一片空白的条件下起步的，塞罕坝人以艰苦奋斗的优良作风、科学求实的严谨态度，攻克了高寒地区育苗、造林、营林等技术难关，实现了一次又一次的超越与突破，为高寒干旱地区林业和草原创新发展提供了可复制、可借鉴的成功样板。

后 记

为全面、准确反映2021年全国林草生态旅游发展情况，国家林草局林场种苗司（国家林草局生态旅游工作领导小组办公室）向局生态旅游工作领导小组相关成员单位和各省级林草主管部门征集了该期发展报告的编写素材；成稿后，又征求了局生态旅游工作领导小组全体成员单位的意见。在充分吸纳各方意见并报请国家林草局领导审示后，最终定稿。

与往年相比，本期发展报告在内容上新增了“典型案例”章节，充实了“各省（自治区、直辖市）林草生态旅游工作亮点”部分内容，并在形式上精简了文字、丰富了照片和图表。

游客量数据是反映全年林草生态旅游发展情况的重要内容，但要全面统计林草生态旅游游客量的难度极大。为了努力给社会提供相对可靠的游客量资讯服务，近些年来，国家林草局林场种苗司建设启用了“全国林草生态旅游游客量信息管理系统”，研究制定了《全国林草生态旅游游客量数据采集和信息发布管理办法》，筛选确定了500余家具有一定代表性的游客量数据采集样本单位，并组织相关领域专家论证确定了游客量测算方法。本期报告第二章正是反映了该方法得出的全年游客量测算数据以及全年各时段的游客量变化情况。

限于编写时间和编写组水平，发展报告中的不当之处在所难免，竭诚欢迎各界批评指正。

编　者